本书由中国工程科技知识中心建设项目–林业工程专业
知识服务系统项目（CKCEST-2021-1-2）资助出版

林业科学发展态势分析报告

Analysis Report on the Development Trend of Forestry Science

付贺龙　王忠明
王　璐　宋　丹　著

中国林业出版社

图书在版编目（CIP）数据

林业科学发展态势分析报告 / 付贺龙等著. -- 北京：中国林业出版社, 2022.10
ISBN 978-7-5219-1882-3

Ⅰ.①林… Ⅱ.①付… Ⅲ.①林业经济—经济发展—研究报告—中国 Ⅳ.①F326.23

中国版本图书馆CIP数据核字(2022)第178581号

中国林业出版社·自然保护分社（国家公园分社）
策划编辑：刘家玲
责任编辑：甄美子

出版	中国林业出版社（100009　北京市西城区刘海胡同7号） http://www.forestry.gov.cn/lycb.html　　电话：（010）83143616
印刷	北京中科印刷有限公司
版次	2022年10月第1版
印次	2022年10月第1次印刷
开本	889mm×1194mm　1/16
印张	7.5
字数	220千字
定价	80.00元

未经许可，不得以任何方式复制或抄袭本书的部分或全部内容。

版权所有　侵权必究

编委会

主　任：王忠明

副主任：孙小满　邢彦忠　黎祜琛

编　委：付贺龙　马文君　范圣明
　　　　陈　民　张慕博　尚玮姣
　　　　廖世容　王　璐　宋　丹
　　　　李　洋　王姣姣　李　博

执笔人：付贺龙　王忠明　王　璐　宋　丹

前　言

林业是经济社会可持续发展的基础，肩负着维护生态安全、改善民生福祉、促进绿色发展的使命。随着经济社会的转型发展，林业在应对气候变化、防治水土流失和荒漠化、维护生物多样性、促进改善民生等方面的作用日益凸显。经过多年努力，我国已连续多年实现森林面积和蓄积双增长，人工林面积稳居世界第一。但林业仍然是国家建设中的重要内容，林业现代化建设任重道远。

本研究报告以科学论文这一科研产出最主要的形式为中心，对2010—2019年中国与世界林业科学领域的WoS（Web of Science）论文进行文献计量分析，从学科发展规模、学术影响、重要成果、国际合作和学科布局等维度展开，勾勒与描绘林业科学近十年的整体发展态势及其分支学科领域布局的图谱，特别是中国和世界主要科学发达国家的研究实力分布及比较，分析与揭示林业科学在中国的研究成绩和趋势，评述与展望中国在若干重要前沿方向上的发展格局和机遇，为实现我国林业科学在世界主要国家中从跟跑到并跑再到领跑提供指引，为未来制定林业科学发展战略以及相关学科政策提供参考，为生态文明建设和产业转型升级提供动力和科技支撑。

本研究报告分为5章：第1章，背景；第2章，数据来源和研究方法；第3章，林业科学总体发展态势；第4章，林业科学主要国家分析；第5章，林业科学主要机构分析。

本报告资料系统，内容翔实，具有较强的科学性、可读性和实用性，可供林业行政管理部门和企事业单位的干部、科研和教学人员参考。

编委会
2022年10月

目录 CONTENTS

前言

01/02 ▶ 第1章 背景

1.1 研究目的和意义 / 1
1.2 研究方法和内容 / 2

03/12 ▶ 第2章 数据来源和研究方法

2.1 数据来源 / 3
2.2 检索策略 / 3
2.3 检索结果 / 12

13/28 ▶ 第3章 林业科学总体发展态势

3.1 林业科学基本发展态势分析 / 13
3.2 林业科学高被引论文分析 / 15
3.3 林业科学国际合作分析 / 20
3.4 林业科学主要机构分析 / 23
3.5 林业科学主要期刊分析 / 24
3.6 林业科学涉及学科分析 / 25
3.7 林业科学关键词分析 / 27
3.8 小结 / 28

第4章 林业科学主要国家分析

4.1 美国 / 30

4.2 中国 / 32

4.3 巴西 / 34

4.4 德国 / 36

4.5 西班牙 / 38

4.6 加拿大 / 40

4.7 英国 / 42

4.8 法国 / 44

4.9 澳大利亚 / 46

4.10 意大利 / 48

4.11 印度 / 50

4.12 日本 / 52

4.13 韩国 / 54

4.14 瑞典 / 56

4.15 波兰 / 58

4.16 墨西哥 / 60

4.17 土耳其 / 62

4.18 芬兰 / 64

4.19 瑞士 / 66

4.20 伊朗 / 68

第5章 林业科学主要机构分析

5.1　中国科学院　/ 72

5.2　美国林务局　/ 74

5.3　巴西圣保罗大学　/ 76

5.4　北京林业大学　/ 78

5.5　美国佛罗里达大学　/ 80

5.6　西班牙国家研究委员会　/ 82

5.7　瑞典农业科学大学　/ 84

5.8　加拿大不列颠哥伦比亚大学　/ 86

5.9　中国林业科学研究院　/ 88

5.10　法国国家农业研究院　/ 90

5.11　俄罗斯科学院　/ 92

5.12　美国俄勒冈州立大学　/ 94

5.13　芬兰赫尔辛基大学　/ 96

5.14　美国地质勘探局　/ 98

5.15　美国加州大学戴维斯分校　/ 100

5.16　墨西哥国立自治大学　/ 102

5.17　巴西联邦维科萨大学　/ 104

5.18　美国加州大学伯克利分校　/ 106

5.19　日本京都大学　/ 108

5.20　加拿大阿尔伯塔大学　/ 110

参考文献

第1章 背景

1.1 研究目的和意义

党的十八大以来，党中央、国务院更加重视林业，习近平总书记对生态文明建设和林业改革发展做出了一系列重要指示，特别指出林业建设是事关经济社会可持续发展的根本性问题。在中央财经委员会第十二次会议上，习近平总书记强调，森林关系国家生态安全，要加强森林生态安全建设，着力推进国土绿化，着力提高森林质量，着力开展森林城市建设，着力建设国家公园。党的十九大提出了习近平新时代中国特色社会主义思想，强调生态文明建设是"中华民族永续发展的千年大计"，提出"要坚持人与自然和谐共生，要像对待生命一样对待生态环境""我们要建设的现代化是人与自然和谐共生的现代化，既要创造更多物质财富和精神财富以满足人民日益增长的美好生活需要，也要提供更多优质生态产品以满足人民日益增长的优美生态环境需要"。

林学是研究森林的形成、发展、管理以及资源再生和保护利用的理论与技术的科学。林学属于自然科学范畴，它是在其他自然学科发展的基础上，形成和发展起来的综合性的应用学科。百年来，林学学科发展历程证明其在我国社会、经济发展中占有极其重要和不可或缺的地位。林学学科发展不仅显著推动林业的科技进步，为林业发展提供了大批高素质的从业人员，也为国家社会经济发展的宏观决策提供了重要科学依据。

学科发展所产生的新概念、新理论、新方法、新材料是推动该学科科技进步和创新的原动力；学科发展是衡量国家该学科科技水平的重要标志；学科科技积累和产生的基础数据是国家宏观决策的科学依据；学科的人才建设是提高该学科行业从业人员整体素质的主要途径。林学学科在我国科技、经济、社会发展中占据极其重要的战略地位。

科学研究的世界呈现出蔓延生长，不断演化的景象。各学科领域知识不断扩大、细化，相互交叉渗透、汇聚融合，逐步向前发展演进，形成新的发展趋势和研究方向。随着社会经济水平发展和世界科学技术不断发展，林学学科发展迅速，我国林学学科及其分支学科已初步形成门类比较齐全的学科体系，而且在一些领域已接近或达到世界先进水平。然而，从林学学科整体发展水平来看，我国与林业发达国家比较还有较大的差距和不足。领域科研工作者需要深入了解科研进展与动态，快速准确锁定本领域的科学命题；科研管理者和政策制定者需要精准把握本领域的全球科技前沿布局，制定科学合理的领域科学决策和科技战略发展规划，以有限的资源来支持和推进科学进步。对于他们而言，洞察科研动向，尤其是跟踪新兴专业研究领域发展和变化，将对其工作产生重大意义。

1.2 研究方法和内容

1.2.1 研究方法

本研究主要采用文献计量学方法。文献计量学把文献体系和文献计量特征作为研究分析对象，应用数学、统计学等方法来研究分析文献情报的一门学科。文献计量学是科学史研究中重要的定量计量研究分析工具，在科学研究中得到了极其广泛的应用。所用的分析工具有VOSviewer分析软件、Pajek大型网络分析软件和科睿唯安科技集团的Derwent Data Analyzer(DDA)分析软件。

1.2.2 研究内容

本研究主要对2010—2019年全球林业相关的WoS（Web of Science）论文进行文献计量分析，从学科发展规模、学术影响、重要成果、国际合作和学科布局等维度对林业学科发展态势进行评估研究，分析整体发展态势及其分支学科领域布局的图谱，特别是中国和世界主要科学发达国家的研究实力分布及比较，分析与揭示林学学科在中国的研究成绩和趋势。主要研究内容包括：总发文量及趋势分析、高被引论文分析、国际合作分析、主要国家分析、主要机构分析、主要期刊分析、学科分析分布、关键词分析、研究热点分析等。为实现我国林学学科在世界主要国家中从跟跑到并跑再到领跑提供指引，为未来制定林学学科发展战略以及相关学科政策提供参考，为生态文明建设和产业转型升级提供动力和科技支撑。

第 2 章　数据来源和研究方法

2.1　数据来源

本研究的分析数据来源于美国科学信息研究所（Institute for Scientific Information，简称ISI）的《科学引文索引》（*Science Citation Index*，简称SCI）Web of Science数据库中的Science Citation Index Expanded库。

《科学引文索引》于1961年由美国科学信息研究所在美国费城创办。ISI具有系统的选刊标准和系统的评估程序来挑选刊源，每年都会略有变化，它的Science Citation Index Expanded检索数据库具有引文分析的功能。SCI数据库在不断发展，收录范围比较广泛、全面，是相对完善的科学技术文献索引工具，并在对科研成果进行客观、量化评价工作具有一定参考意义；在一定程度上，被SCI收录或引用的数量可以反映出一个国家或机构的科学研究水平和综合实力。

2.2　检索策略

在Web of Science数据库中经过初检，然后根据专家意见反复预检，按照该库的检索规则，确定了如下4个检索式。

检索式1

期刊来源=("FOREST ECOLOGY AND MANAGEMENT" OR "JOURNAL OF FORESTRY" OR "CANADIAN JOURNAL OF FOREST RESEARCH REVUE CANADIENNE DE RECHERCHE FORESTIERE" OR "AGRICULTURAL AND FOREST METEOROLOGY" OR "FOREST PRODUCTS JOURNAL" OR "FORESTS" OR "FORESTRY CHRONICLE" OR "TREE PHYSIOLOGY" OR "FOREST SCIENCE" OR "TREES STRUCTURE AND FUNCTION" OR "CANADIAN JOURNAL OF FOREST RESEARCH" OR "AGROFORESTRY SYSTEMS" OR "WOOD SCIENCE AND TECHNOLOGY" OR "SCANDINAVIAN JOURNAL OF FOREST RESEARCH" OR "ANNALS OF FOREST SCIENCE" OR "FOREST POLICY AND ECONOMICS" OR "WOOD AND FIBER SCIENCE" OR "JOURNAL OF WOOD SCIENCE" OR "FORESTRY" OR "URBAN FORESTRY URBAN GREENING" OR "TREE GENETICS GENOMES" OR "JOURNAL OF FORESTRY RESEARCH" OR "EUROPEAN JOURNAL OF WOOD AND WOOD PRODUCTS" OR "EUROPEAN JOURNAL OF FOREST RESEARCH" OR "NEW

FORESTS" OR "FOREST PATHOLOGY" OR "EUROPEAN JOURNAL OF FOREST PATHOLOGY" OR "ANNALES DES SCIENCES FORESTIERES" OR "JOURNAL OF TROPICAL FOREST SCIENCE" OR "JOURNAL OF FOREST RESEARCH" OR "TURKISH JOURNAL OF AGRICULTURE AND FORESTRY" OR "IFOREST BIOGEOSCIENCES AND FORESTRY" OR "SCIENTIA FORESTALIS" OR "INTERNATIONAL FORESTRY REVIEW" OR "CANADIAN FOREST INDUSTRIES" OR "BALTIC FORESTRY" OR "FOREST SYSTEMS" OR "NEW ZEALAND JOURNAL OF FORESTRY SCIENCE" OR "COMMONWEALTH FORESTRY REVIEW" OR "SOUTHERN FORESTS" OR "REVISTA CHAPINGO SERIE CIENCIAS FORESTALES Y DEL AMBIENTE" OR "JOURNAL OF SUSTAINABLE FORESTRY" OR "JOURNAL OF FOREST ECONOMICS" OR "NORTHERN JOURNAL OF APPLIED FORESTRY" OR "CROATIAN JOURNAL OF FOREST ENGINEERING" OR "AUSTRALIAN FORESTRY" OR "WESTERN JOURNAL OF APPLIED FORESTRY" OR "SMALL SCALE FORESTRY" OR "AMERICAN FORESTS" OR "SOUTHERN JOURNAL OF APPLIED FORESTRY" OR "AUSTRALIAN FOREST RESEARCH" OR "FOREST ECOSYSTEMS" OR "TREE RING RESEARCH" OR "ANNALS OF FOREST RESEARCH" OR "USDA FOREST SERVICE PACIFIC NORTHWEST RESEARCH STATION RESEARCH PAPER" OR "MISSISSIPPI AGRICULTURAL FORESTRY EXPERIMENT STATION RESEARCH REPORT" OR "AUSTRIAN JOURNAL OF FOREST SCIENCE" OR "USDA FOREST SERVICE INTERMOUNTAIN RESEARCH STATION RESEARCH PAPER" OR "QUARTERLY JOURNAL OF FORESTRY" OR "PRACE VULHM REPORTS OF THE FORESTRY AND GAME MANAGEMENT RESEARCH INSTITUTE" OR "CURRENT FORESTRY REPORTS" OR "INTERNATIONAL JOURNAL OF FOREST ENGINEERING" OR "USDA FOREST SERVICE NORTH CENTRAL FOREST EXPERIMENT STATION RESEARCH PAPER" OR "USDA FOREST SERVICE ROCKY MOUNTAIN FOREST AND RANGE EXPERIMENT STATION RESEARCH PAPER" OR "INVESTIGACION AGRARIA SISTEMAS Y RECURSOS FORESTALES" OR "USDA FOREST SERVICE PACIFIC SOUTHWEST RESEARCH STATION RESEARCH PAPER" OR "USDA FOREST SERVICE SOUTHERN FOREST EXPERIMENT STATION RESEARCH PAPER" OR "USDA FOREST SERVICE NORTHEASTERN FOREST EXPERIMENT STATION RESEARCH PAPER" OR "USDA FOREST SERVICE SOUTHEASTERN FOREST EXPERIMENT STATION RESEARCH PAPER" OR "SOUTHERN HEMISPHERE FORESTRY JOURNAL" OR "USDA FOREST SERVICE ROCKY MOUNTAIN RESEARCH STATION RESEARCH PAPER RMRS" OR "USDA FOREST SERVICE PACIFIC NORTHWEST RESEARCH STATION RESEARCH PAPER PNW RP" OR "WEST VIRGINIA AGRICULTURAL AND FORESTRY EXPERIMENT STATION BULLETIN" OR "USDA FOREST SERVICE NORTHEASTERN RESEARCH STATION RESEARCH PAPER" OR "HOLZFORSCHUNG" OR "SILVAE GENETICA" OR "INTERNATIONAL JOURNAL OF WILDLAND

FIRE" OR "REVISTA ARVORE" OR "SYLWAN" OR "CIENCIA FLORESTAL" OR "ALLGEMEINE FORST UND JAGDZEITUNG" OR "APPLIED VEGETATION SCIENCE" OR "SILVA FENNICA" OR "FORSTWISSENSCHAFTLICHES CENTRALBLATT" OR "IAWA JOURNAL" OR "CERNE" OR "SUMARSKI LIST" OR "DENDROCHRONOLOGIA" OR "BOSQUE" OR "MADERA Y BOSQUES" OR "IAWA BULLETIN" OR "BOIS ET FORETS DES TROPIQUES" OR "DENDROBIOLOGY" OR "WOOD AND FIBER")。

检索式2

题目或关键词=((FOREST* NOT ("RANDOM FOREST" OR "RANDOM FORESTS")) OR (TREE* NOT ("BAYESIAN TREE ALLOMETRY" OR "BOOSTED REGRESSION TREE" OR "CLASSIFICATION TREE" OR "DECISION TREE" OR "DECISION-TREE" OR "REGRESSION TREE")))。

检索式3

题目或关键词=(ABIES OR ACACIA OR ACACIICOLA OR ACER OR ACORN OR AESCULUS OR AFFOREST* OR AGARICACEAE OR AGARICALES OR AGARICOMYCETES OR AGARWOOD OR AGRICULTURE-FOREST OR AGRICULTURE-FORESTRY OR AGROFOREST* OR AGRO-FORESTRY OR AGRO-SILVO OR AGROSILVOPASTORAL OR AGRO-SILVOPASTORAL OR ALDER OR ALNUS OR ALOESWOOD OR AMELLIA OR APRICOT OR AQUILARIA OR ARAUCARIA OR ARBOREAL OR ARBOREOUS OR ARBORESCENT OR ARBORETUM OR ARBORICULTURE OR ARECA* OR ARENOSOL OR ASPEN OR BAMBOO* OR BAMBUSA OR BEECH* OR BEGONIA* OR BEGONIAS OR BETULA* OR BIRCH* OR BUSHFIRE* OR BUSHLAND OR CARAGANA OR CARPENTRY OR CARYA OR CASTANEA OR CASTANOPSIS OR CASUARINA OR CATALPA OR CEDAR OR CEDRELA OR CEDRO OR CEDROL OR CEDRUS OR CEIBA OR CHAMAECYPARIS OR CHAPARRAL OR CHARCOAL OR CHESTNUT* OR CITRUS OR CLEARCUTTING OR CLEAR-CUTTING OR COCONUT OR CONIFER* OR COPPICE* OR COREWOOD OR CORK OR CORYMBIA OR COTTONWOODS OR CRYPTOMERIA OR CUNNINGHAMIA OR CUPRESSACEAE OR CUPRESSUS OR CYCAD* OR CYPRESS* OR DALBERGIA OR DALBERGIOIDEAE OR DALBERGIOXYLON OR DEADWOOD OR DEAD-WOOD OR DECIDUOUS* OR DEFOREST* OR DENDROARCHEOLOGY OR DENDROCHEMISTRY OR DENDROCHRONOLOGICAL OR DENDROCHRONOLOGY OR DENDROCLIMATIC OR DENDROCLIMATOLOGY OR DENDROECOLOGY OR DENDRO-ECOLOGY OR DENDROGEOMORPHOLOGY OR DENDROMETER* OR DESERT* OR DIOSPYROS OR DOUGLASFIR OR DOUGLAS-FIR OR DRIFTWOOD OR DUNE* OR

EARLYWOOD OR EUCALYPT* OR EUCOMMIA OR EUGENIA OR FAGACEAE OR FAGUS OR FIBERBOARD OR FICUS OR FIR OR FRAXINUS* OR FUELWOOD OR HALOXYLON OR HARDWOOD* OR HEARTWOOD OR HEVEA OR JATROPHA* OR JUGLANS OR JUNIPERS OR JUNIPERUS OR LARCH OR LARIX OR LATEWOOD OR LAURACEAE OR LAUREL OR LEUCAENA OR LUMBER* OR MAGNOLIA* OR MAHOGANY OR MALUS OR MANGROVE* OR METASEQUOIA OR MIXEDWOOD* OR MIXED-WOOD OR MORINGA* OR MORUS OR MULBERRY OR MYRTACEAE OR OAK* OR OLIVE OR PARTICLEBOARD* OR PAULOWNIA OR PHYLLOSTACHYS OR PICEA OR PINACEAE OR PINUS* OR PISTACIA OR PLYWOOD OR PODOCARP* OR PONDEROSA* OR POPLAR OR POPULUS OR PRUNUS OR PTEROCARPUS OR PULPWOOD* OR PYRUS OR QUERCUS OR RAINFOREST* OR REDCEDAR OR REDWOOD* OR REFOREST* OR ROBINIA OR ROSA* OR ROSEWOOD* OR ROSIN OR ROUNDWOOD* OR RUBBERWOOD* OR SALICACEAE OR SALIX OR SAPLING* OR SAPWOOD OR SAWDUST OR SAWLOG* OR SAWN-LUMBER OR SAWNWOOD* OR SAWN-WOOD* OR SAWTIMBER OR SHELTERBELT* OR SHELTERWOOD* OR SHOREA OR SHRUB* OR SILVICULTURAL OR SILVICULTURE OR SILVOPASTORAL OR SILVOPASTURE OR SINGLE-TREE* OR SKIDDER* OR SOFTWOOD* OR SOLID-WOOD OR SORBUS OR SPRUCE* OR SUGI OR SYRINGA OR TAMARIX OR TAXODIACEAE OR TAXODIUM OR TAXUS OR TEAK OR TILIA OR TIMBER* OR ULMUS OR UNDERSTOREY OR UNDERSTORY OR UNEVEN-AGED OR WALNUT* OR WETLAND* OR WILLOW* OR WOOD* OR ZANTHOXYLUM OR "AGONOSCENA PISTACIAE" OR "AKEBIA QUINATA" OR "ALBIZIA PROCERA" OR "ALPINE AZALEA" OR "AMUR HONEYSUCKLE" OR "AMUR LILAC" OR "AMYGDALUS COMMUNIS" OR "AMYGDALUS PEDUNCULATA" OR "AMYGDALUS SCOPARIA" OR "ANNUAL GROWTH RING" OR "ANNUAL GROWTH RINGS" OR "ANNUAL RING" OR "ANNUAL RINGS" OR "BARK BEETLE" OR "BARK BEETLES" OR "BARK STRIPPING" OR "BARK THICKNESS" OR "BLACK ALDER" OR "BLACK LOCUST" OR "BLACK SPRUCE" OR "BOREAL MIXEDWOOD" OR "BOREAL MIXEDWOODS" OR "BURSAPHELENCHUS XYLOPHILUS" OR "C. OLEIFERA" OR "C. OLEIFERA OIL" OR "CAMELLIA OLEIFERA" OR "CAMELLIA SINENSIS" OR "CASTANEA SATIVA" OR "CHINESE PRIVET" OR "CLEAR CUTTING" OR "CLEAR CUTTINGS" OR "COARSEWOODY DEBRIS" OR "COMMERCIAL THINNING" OR "FAST-GROWING PLANTATION" OR "FAST-GROWING PLANTATIONS" OR "FIG GROVES" OR "FOREST CONVERSIONS" OR "HOLM OAK" OR "HYBRID ASPEN" OR "HYBRID POPLAR" OR "HYBRID POPLARS" OR "JATROPHA CURCAS" OR "NATIONAL PARK" OR "NATIONAL PARKS" OR "OLEA EUROPAEA" OR "PLATYCLADUS ORIENTALIS" OR "RED ALDER" OR "SALVAGE LOGGING" OR "SELECTION CUTTING" OR "SELECTION CUTTINGS" OR "SELECTIVE

LOGGING" OR "SELECTIVE THINNING" OR "SEQUOIA SEMPERVIRENS" OR "STAND AGE" OR "STAND BASAL AREA" OR "STAND BIOMASS" OR "STAND CHARACTERISTIC" OR "STAND CHARACTERISTICS" OR "STAND COMPOSITION" OR "STAND CONVERSION" OR "STAND DENSITY" OR "STAND GROWTH" OR "STAND MANAGEMENT" OR "STAND PRODUCTIVITY" OR "STAND STABILITY" OR "STAND STRUCTURE" OR "STAND THINNING" OR "STAND TRANSPIRATION" OR "STAND VOLUME" OR "THEOBROMA CACAO" OR "TREMBLING ASPEN" OR "UNEVEN AGED" OR "WESTERN HEMLOCK" OR ABIETATE OR CAMELLIA OR CAMPTOTHECA OR CAMPTOTHECIN OR DENDROLIMUS OR PANDA OR GINKGO OR GRAPEVINE OR HIPPOPHAE OR HONEYSUCKLE OR JUJUBE OR OIL-TEA OR ORCHIDACEAE OR PERSIMMON OR PINE OR RATTAN OR RHODODENDRON OR SANDALWOOD OR SUMAC OR THUJA OR TURPENTINE OR WOLFBERRY OR ZIZIPHUS OR "AMUR TIGER" OR "CALANTHE TSOONGIANA" OR "CATHARANTHUS ROSEUS" OR "DIORYCTRIA ABIETELLA" OR "DIORYCTRIA PRYERI" OR "LIGNOCELLULOSIC NANOFIBRILS" OR "LITSEA CUBEBA" OR "LYCIUM RUTHENICUM MURR" OR "MAHONIA BEALEI" OR "MIXED PLANTATION" OR "PALM OIL" OR "PHOEBE ZHENNAN" OR "SCHIMA SUPERBA" OR "TUNG OIL")。

检索式4

题目或关键词=("AFFORESTED TREES" OR "AGRO FOREST" OR "AGRO FORESTRY" OR "AGROFOREST MANAGEMENT" OR "AIR DRIED WOOD" OR "ALIEN TREE SPECIES" OR "ALPINE FOREST" OR "ALPINE FORESTS" OR "AMABILIS FIR" OR "ANNUAL TREE RING" OR "ANNUAL TREE RINGS" OR "ANTI-WOOD-DECAY" OR "ATIONAL FOREST INVENTORY" OR "BALSAM FIR" OR "BLACK PINE" OR "BLACK POPLAR" OR "BLACK WALNUT" OR "BOREAL FOREST" OR "BOREAL FORESTRY" OR "BOREAL FORESTS" OR "CHAMAECYPARIS OBTUSA" OR "CHIN FIR" OR "CHINA FIR" OR "CHINESE FIR" OR "CHINESE PINE" OR "CLOUD FOREST" OR "CLOUD FORESTS" OR "COARSE WOOD " OR "COARSE WOODY DEBRIS" OR "COASTAL WETLAND" OR "COMMUNITY FOREST" OR "COMMUNITY FORESTRY" OR "COMMUNITY FORESTS" OR "COMMUNITY-BASED FOREST MANAGEMENT" OR "COMMUNITY-BASED FORESTRY" OR "COMPRESSION WOOD" OR "CONSTRUCTED WETLAND" OR "CONTINUOUS COVER FOREST" OR "CONTINUOUS COVER FORESTRY" OR "CORK OAK" OR "CRYPTOMERIA JAPONICA" OR "CUNNINGHAMIA LANCEOLATA" OR "DECIDUOUS FOREST" OR "DECIDUOUS FORESTS" OR "DOUGLAS FIR" OR "DWARF BAMBOO" OR "TREE AGES" OR "ENERGY WOOD" OR "ENGELMANN SPRUCE" OR "EUROPEAN BEECH" OR "EUROPEAN LARCH" OR

"EUROPEAN OAK" OR "FAGUS SYLVATICA" OR "FAMILY FOREST" OR "FAMILY FORESTRY" OR "FAMILY FORESTS" OR "FARM FORESTRY" OR "FAST-GROWING POPLAR" OR "FIG TREE" OR "FOREST AGE" OR "FOREST AREA" OR "FOREST BATHING" OR "FOREST BIODIVERSITY" OR "FOREST BIOMASS" OR "FOREST BIOTECHNOLOGY" OR "FOREST BIRD" OR "FOREST BIRDS" OR "FOREST CANOPY" OR "FOREST CARBON" OR "FOREST CERTIFICATION" OR "FOREST CHANGE" OR "FOREST CLASSIFICATION" OR "FOREST COMMUNITIES" OR "FOREST COMMUNITY" OR "FOREST COMPOSITION" OR "FOREST CONCESSION" OR "FOREST CONCESSIONS" OR "FOREST CONDITION" OR "FOREST CONDITIONS" OR "FOREST CONFLICT" OR "FOREST CONFLICTS" OR "FOREST CONSERVATION" OR "FOREST CONTINUITY" OR "FOREST CONVERSION" OR "FOREST COVER" OR "FOREST DAMAGE" OR "FOREST DAMAGES" OR "FOREST DATA" OR "FOREST DECLINE" OR "FOREST DEGRADATION" OR "FOREST DEMOGRAPHY" OR "FOREST DENSITY" OR "FOREST DEVELOPMENT" OR "FOREST DIEBACK" OR "FOREST DIE-OFF" OR "FOREST DISEASE" OR "FOREST DISTURBANCE" OR "FOREST DISTURBANCES" OR "FOREST DIVERSITY" OR "FOREST DYNAMIC" OR "FOREST DYNAMICS" OR "FOREST ECOLOGY" OR "FOREST ECONOMICS" OR "FOREST ECONOMY" OR "FOREST ECOSYSTEM" OR "FOREST ECOSYSTEM" OR "FOREST ECOSYSTEMS" OR "FOREST EDGE" OR "FOREST ENERGY" OR "FOREST ENGINEERING" OR "FOREST ENTOMOLOGY" OR "FOREST ENVIRONMENT" OR "FOREST ENVIRONMENTAL" OR "FOREST ENVIRONMENTS" OR "FOREST EXPANSION" OR "FOREST FARMING" OR "FOREST FERTILISATION" OR "FOREST FERTILIZATION" OR "FOREST FIRE" OR "FOREST FIRES" OR "FOREST FLOOR" OR "FOREST FRAGMENT" OR "FOREST FRAGMENTATION" OR "FOREST FRAGMENTS" OR "FOREST FUEL" OR "FOREST FUELS" OR "FOREST FUNCTION" OR "FOREST FUNCTIONAL" OR "FOREST FUNCTIONS" OR "FOREST GAP" OR "FOREST GAPS" OR "FOREST GENETIC" OR "FOREST GENETICS" OR "FOREST GENOMICS" OR "FOREST GOVERNANCE" OR "FOREST GROWTH" OR "FOREST HABITAT" OR "FOREST HABITATS" OR "FOREST HARVEST" OR "FOREST HARVESTER" OR "FOREST HARVESTING" OR "FOREST HEALTH" OR "FOREST HISTORY" OR "FOREST HYDROLOGY" OR "FOREST INCOME" OR "FOREST INDUSTRY" OR "FOREST INFLUENCE" OR "FOREST INFLUENCES" OR "FOREST INSECT" OR "FOREST INSECTS" OR "FOREST INVENTORIES" OR "FOREST INVENTORY" OR "FOREST INVESTMENT" OR "FOREST INVESTMENTS" OR "FOREST LAND" OR "FOREST LANDSCAPE" OR "FOREST LANDSCAPES" OR "FOREST LAW" OR "FOREST LITTER" OR "FOREST LOSS" OR "FOREST MANAGEMENT" OR "FOREST MENSURATION" OR "FOREST MODEL" OR "FOREST MODELING" OR "FOREST MODELLING"

OR "FOREST MODELS" OR "FOREST MONITORING" OR "FOREST MORTALITY" OR "FOREST NURSER" OR "FOREST NURSERIES" OR "FOREST NURSERY" OR "FOREST NUTRITION" OR "FOREST OPERATION" OR "FOREST OPERATIONS" OR "FOREST OWNER" OR "FOREST OWNERS" OR "FOREST OWNERS'" OR "FOREST OWNERSHIP" OR "FOREST PATHOGEN" OR "FOREST PATHOGENS" OR "FOREST PATHOLOGY" OR "FOREST PEST" OR "FOREST PESTS" OR "FOREST PLANNING" OR "FOREST PLANT" OR "FOREST PLANTATION" OR "FOREST PLANTATIONS" OR "FOREST POLICIES" OR "FOREST POLICY" OR "FOREST POLITICS" OR "FOREST PRODUCT" OR "FOREST PRODUCTION" OR "FOREST PRODUCTIVITY" OR "FOREST PRODUCTS" OR "FOREST PROTECTION" OR "FOREST RECOVERY" OR "FOREST RECREATION" OR "FOREST RECREATIONAL " OR "FOREST REGENERATION" OR "FOREST REGULATION" OR "FOREST RESERVE" OR "FOREST RESERVES" OR "FOREST RESIDUE" OR "FOREST RESIDUES" OR "FOREST RESILIENCE" OR "FOREST RESILIENCY" OR "FOREST RESOURCE" OR "FOREST RESOURCES" OR "FOREST RESTORATION" OR "FOREST RIGHTS" OR "FOREST ROAD" OR "FOREST ROADS" OR "FOREST SECTOR" OR "FOREST SEED" OR "FOREST SEEDS" OR "FOREST SERVICE" OR "FOREST SERVICES" OR "FOREST SIMULATION" OR "FOREST SIMULATOR" OR "FOREST SIMULATORS" OR "FOREST SITE" OR "FOREST SITES" OR "FOREST SOIL" OR "FOREST SOILS" OR "FOREST SPECIES" OR "FOREST STAND" OR "FOREST STANDS" OR "FOREST STRUCTURAL" OR "FOREST STRUCTURE" OR "FOREST SUCCESSION" OR "FOREST SUSTAINABILITY" OR "FOREST TENURE" OR "FOREST TENURES" OR "FOREST THERAPY" OR "FOREST THINNING" OR "FOREST TREE" OR "FOREST TREES" OR "FOREST TYPE" OR "FOREST TYPES" OR "FOREST UNDERSTOREY" OR "FOREST UNDERSTORIES" OR "FOREST UNDERSTORY" OR "FOREST USE" OR "FOREST UTILISATION" OR "FOREST UTILIZATION" OR "FOREST VALUATION" OR "FOREST VALUE" OR "FOREST VALUES" OR "FOREST VEGETATION" OR "FORESTED WETLAND" OR "FORESTED WETLANDS" OR "FORESTLAND" OR "FOREST-LAND" OR "FORESTRY SYSTEMS" OR "FOSSIL WOOD" OR "FOSSIL WOODS" OR "FUEL WOOD" OR "HIGH FOREST" OR "IMBER HARVESTING" OR "INDIVIDUAL TREE" OR "INDIVIDUAL TREES" OR "INDIVIDUAL-TREE" OR "JAPANESE BEECH" OR "JAPANESE CEDAR" OR "JAPANESE CYPRESS" OR "JAPANESE LARCH" OR "JAPANESE OAK" OR "JUVENILE TREE" OR "JUVENILE TREES" OR "JUVENILE WOOD" OR "JUVENILEWOOD" OR "KOREAN PINE" OR "KOREAN RED PINE" OR "LAMINATED BAMBOO" OR "LAMINATED TIMBER" OR "LAMINATED VENEER LUMBER" OR "LAMINATED WOOD" OR "LOBLOLLY PINE" OR "LODGEPOLE PINE" OR "MASSON PINE" OR "MEDITERRANEAN FOREST" OR "MEDITERRANEAN FORESTRY" OR "MEDITERRANEAN FORESTS" OR "MIXED

CONIFER" OR "MIXED FOREST" OR "MIXED FORESTS" OR "MIXED-CONIFER" OR "MOSO BAMBOO" OR "MOUNTAIN FOREST" OR "MOUNTAIN FORESTS" OR "MOUNTAIN PINE BEETLE" OR "MOUNTAIN PINE BEETLES" OR "NATIONAL FOREST" OR "NATIONAL FOREST INVENTORIES" OR "NATIONAL FORESTS" OR "NATIVE FOREST" OR "NATIVE FORESTS" OR "NATIVE TREE" OR "NATIVE TREES" OR "NATURAL FOREST" OR "NATURAL FORESTS" OR "NON-TIMBER FOREST PRODUCT" OR "NON-TIMBER FOREST PRODUCTS" OR "NON-WOOD FOREST PRODUCT" OR "NON-WOOD FOREST PRODUCTS" OR "NORTHERN HARDWOOD" OR "NORTHERN HARDWOODS" OR "NORWAY SPRUCE" OR "ORIENTAL BEECH" OR "ORIENTED STRAND BOARD" OR "ORIENTED STRAND LUMBER" OR "ORIENTED STRANDBOARD" OR "ORNAMENTAL TREE" OR "ORNAMENTAL TREES" OR "PAPER BIRCH" OR "PEDUNCULATE OAK" OR "PHYLLOSTACHYS EDULIS" OR "PICEA ABIES" OR "PICEA GLAUCA" OR "PICEA MARIANA" OR "PINE FOREST" OR "PINE FORESTS" OR "PINE PLANTATION" OR "PINE PLANTATIONS" OR "PINE WILT DISEASE" OR "PINE WOOD NEMATODE" OR "PINUS ALBICAULIS" OR "PINUS BANKSIANA" OR "PINUS BRUTIA" OR "PINUS CEMBRA" OR "PINUS CONTORTA" OR "PINUS DENSIFLORA" OR "PINUS ELLIOTTII" OR "PINUS FLEXILIS" OR "PINUS HALEPENSIS" OR "PINUS HARTWEGII" OR "PINUS HELDREICHII" OR "PINUS JEFFREYI" OR "PINUS KORAIENSIS" OR "PINUS MASSONIANA" OR "PINUS MONTICOLA" OR "PINUS MUGO" OR "PINUS NIGRA" OR "PINUS PALUSTRIS" OR "PINUS PATULA" OR "PINUS PINASTER" OR "PINUS PINEA" OR "PINUS PONDEROSA" OR "PINUS PSEUDOSTROBUS" OR "PINUS RADIATA" OR "PINUS RESINOSA" OR "PINUS RIGIDA" OR "PINUS ROXBURGHII" OR "PINUS SIBIRICA" OR "PINUS STROBUS" OR "PINUS SYLVESTRIS" OR "PINUS TABULAEFORMIS" OR "PINUS TABULIFORMIS" OR "PINUS TAEDA" OR "PINUS THUNBERGII" OR "PINUS UNCINATA" OR "PITCH PINE" OR "PLANTATION FOREST" OR "PLANTATION FORESTRY" OR "PLANTATION FORESTS" OR "PLANTATION MANAGEMENT" OR "PLANTED FOREST" OR "PLANTED FORESTS" OR "PONDEROSA PINE" OR "POPLAR WOOD" OR "POPLAR WOODS" OR "POPULUS DELTOIDES" OR "POPULUS EUPHRATICA" OR "POPULUS NIGRA" OR "POPULUS SIMONII" OR "POPULUS TOMENTOSA" OR "POPULUS TREMULOIDES" OR "POPULUS TRICHOCARPA" OR "POPULUS X EURAMERICANA" OR "PRECISION FORESTRY" OR "PRIMARY FOREST" OR "PRIMARY FORESTS" OR "PRIMEVAL FOREST" OR "PRIMEVAL FORESTS" OR "PRIVATE FOREST" OR "PRIVATE FORESTLAND" OR "PRIVATE FORESTLANDS" OR "PRIVATE FORESTRY" OR "PRIVATE FORESTS" OR "RADIATA PINE" OR "REACTION WOOD" OR "RED CEDAR" OR "RED MAPLE" OR "RED OAK" OR "RED PINE" OR "RED SPRUCE" OR "RIPARIAN FOREST" OR "RIPARIAN FORESTS" OR "ROBINIA PSEUDOACACIA" OR

"ROUND WOOD" OR "RUBBER PLANTATION" OR "RUBBER TREE" OR "RUBBER TREES" OR "SAWDUST-BASED" OR "SAWED WOOD" OR "SAWN TIMBER" OR "SAWN WOOD" OR "SCOTS PINE" OR "SECONDARY FOREST" OR "SECONDARY FORESTS" OR "SESSILE OAK" OR "SHADE TREE" OR "SHADE TREES" OR "SHORT ROTATION FORESTRY" OR "SHORTLEAF PINE" OR "SIBERIAN LARCH" OR "SILVER BIRCH" OR "SILVER FIR" OR "SINGLE TREE" OR "SLASH PINE" OR "SOCIAL FORESTRY" OR "SOLID WOOD" OR "SOUTHERN PINE" OR "SOUTHERN PINES" OR "STREET TREE" OR "STREET TREES" OR "SUBALPINE FIR" OR "SUBALPINE FOREST" OR "SUBTROPICAL FOREST" OR "SUBTROPICAL FORESTS" OR "SUSTAINABLE FOREST MANAGEMENT" OR "SUSTAINABLE FORESTRY" OR "TEMPERATE DECIDUOUS" OR "TEMPERATE FOREST" OR "TEMPERATE FORESTS" OR "TEMPERATE RAINFOREST" OR "TENSION WOOD" OR "THERMALLY MODIFIED WOOD" OR "TIMBER HARVEST" OR "TIMBER HARVESTS" OR "TIMBER MARKET" OR "TIMBER PRODUCTION" OR "TIMBER QUALITY" OR "TIMBER SUPPLY" OR "TIMBER TRADE" OR "TIMBER VOLUME" OR "TIMBER YIELD" OR "TREE AGE" OR "TREE ALLOMETRY" OR "TREE BIOMASS" OR "TREE BIOMASS" OR "TREE BREEDING" OR "TREE CANOPY" OR "TREE CARBON" OR "TREE COVER" OR "TREE CROWN" OR "TREE DAMAGE" OR "TREE DENSITY" OR "TREE DIAMETER" OR "TREE DIAMETERS" OR "TREE DISEASE" OR "TREE DISEASES" OR "TREE DIVERSITY" OR "TREE GROWTH" OR "TREE GROWTH" OR "TREE GROWTH MODEL" OR "TREE HEALTH" OR "TREE HEIGHT" OR "TREE HEIGHTS" OR "TREE IMPROVEMENT" OR "TREE LINE" OR "TREE LINE" OR "TREE LINES" OR "TREE LINES" OR "TREE MORTALITY" OR "TREE REGENERATION" OR "TREE RING" OR "TREE RINGS" OR "TREE SEEDLING" OR "TREE SEEDLINGS" OR "TREE SIZE" OR "TREE SPECIES" OR "TREE VOLUME" OR "TROPICAL FOREST" OR "TROPICAL FORESTRY" OR "TROPICAL FORESTS" OR "TROPICAL RAIN FOREST" OR "TROPICAL RAINFOREST" OR "TROPICAL RAINFORESTS" OR "TROPICAL TIMBER" OR "TROPICAL TREE" OR "TROPICAL TREES" OR "TROPICAL WOOD" OR "TROPICAL WOODS" OR "TSUGA" OR "URBAN FOREST" OR "URBAN FORESTRY" OR "URBAN FORESTS" OR "URBAN TREE" OR "URBAN TREES" OR "WESTERN LARCH" OR "WESTERN REDCEDAR" OR "WESTERN SPRUCE BUDWORM" OR "WHITE BIRCH" OR "WHITE FIR" OR "WHITE OAK" OR "WHITE OAKS" OR "WHITE PINE" OR "WHITE PINES" OR "WHITE SPRUCE" OR "WHITEBARK PINE" OR "WHOLE TREE" OR "WHOLE TREES" OR "WHOLE-TREE" OR "WOOD ASH" OR "WOOD CHIP" OR "WOOD CHIPS" OR "WOOD COMPOSITES" OR "WOOD DECAY" OR "WOOD DECOMPOSITION" OR "WOOD DEFECTS" OR "WOOD DENSITY" OR "WOOD DRYING" OR "WOOD ENERGY" OR "WOOD FIBER" OR "WOOD FLOUR" OR "WOOD FORMATION" OR "WOOD FUEL" OR "WOOD

HARVESTING" OR "WOOD IDENTIFICATION" OR "WOOD INDUSTRY" OR "WOOD MOBILIZATION" OR "WOOD MODIFICATION" OR "WOOD PANELS" OR "WOOD PELLET" OR "WOOD PELLETS" OR "WOOD PLASTIC COMPOSITE" OR "WOOD PRESERVATION" OR "WOOD PRESERVATIVE" OR "WOOD PRESERVATIVES" OR "WOOD PRODUCTION" OR "WOOD PRODUCTS" OR "WOOD PROPERTIES" OR "WOOD PROTECTION" OR "WOOD QUALITY" OR "WOOD RESIDUE" OR "WOOD SPECIES" OR "WOOD SPECIFIC GRAVITY" OR "WOOD STRUCTURE" OR "WOOD STRUCTURES" OR "WOOD SUPPLY" OR "WOOD SURFACE" OR "WOOD TECHNOLOGY" OR "WOOD TREATMENT" OR "WOOD UTILIZATION" OR "WOOD VENEER" OR "WOOD VOLUME" OR "WOOD WASTE" OR "WOOD-BASED" OR "WOODCHIPS" OR "WOOD-PLASTIC COMPOSITE" OR "WOOD-PLASTIC COMPOSITES" OR "WOODY DEBRIS" OR "WOODY ENCROACHMENT" OR "WOODY PLANTS" OR "WOODY SPECIES" OR "YELLOW CEDAR" OR "YELLOW-CEDAR" OR "YOUNG FOREST" OR "CAMELLIA CHANGII YE" OR "CAMELLIA CHEKIANGOLEOSA HU" OR "CAMELLIA LIPOENSIS" OR "CAMELLIA NITIDISSIMA" OR "CAMELLIA NUT SHELL" OR "CAMELLIA OIL" OR "CAMELLIA SPECIES" OR "CAMPTOTHECA ACUMINATA" OR "CAMPTOTHECA ACUMINATA SEEDLINGS" OR "DEAD PINE NEEDLE" OR "DEHYDROABIETIC ACID METHYL ESTER" OR "DEHYDROABIETIC ACID-BASED ARYLAMINE" OR "DEHYDROABIETIC ACID-BASED TRIARYLAMINE" OR "DEHYDROABIETYLAMINE" OR "DEHYDROABIETYL SKELETON" OR "DEHYDROABIETYLAMINE DERIVATIVES" OR "DENDROBIUM CATENATUM" OR "DENDROBIUM OFFICINALE" OR "DENDROLIMUS KIKUCHII" OR "DENDROLIMUS PUNCTATUS" OR "GINKGO BILOBA" OR "GINKGO SEED PROTEINS" OR "GINKGO SEEDS" OR "HIPPOPHAE RHAMNOIDES" OR "OIL-TEA CAMELLIA" OR "OIL-TEA CAMELLIA SEED" OR "PINE CATERPILLAR" OR "PINE NEEDLES" OR "PINE POLLEN" OR "PINE SAWFLIES" OR "RATTAN CANE" OR "RHODIOLA CRENULATA" OR "RHODODENDRON LONGIPEDICELLATUM" OR "RHODODENDRON MICRANTHUM TURCZ" OR "RHUS VERNICIFLUA STOKES" OR "RUBBER SEED OIL" OR "SEA BUCKTHORN" OR "SEDUM ALFREDII HANCE" OR "SOUTHERN YELLOW PINE" OR "THUJA SUTCHUENENSIS" OR "TURPENTINE DERIVATIVES" OR "TURPENTINE TRANSFORMATION" OR "ZIZIPHUS JUJUBA")。

2.3 检索结果

检索时间范围为2010—2019年，文献类型为论文(article)和综述(review)，本次研究检索内容为林业及相关研究领域，共检索到相关SCI论文数据334636条。

第3章 林业科学总体发展态势

3.1 林业科学总体发展态势分析

作为科学研究的主要成果形式，文献的各项指标可以成为评价科研水平的参考指标，如论文产出数量反映了研究规模，论文的被引频次反映了学术影响力等。

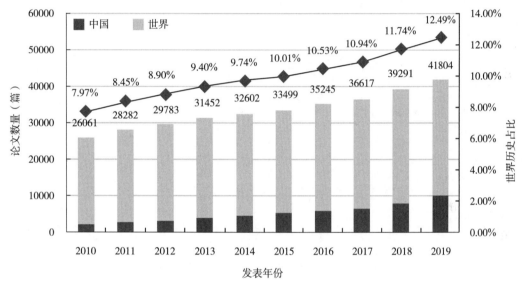

图 3-1 中国与世界林业科学 SCI 论文数量年度趋势变化

2010—2019年，10年总体产出为334636篇，共有207个国家和地区在林业领域产出了论文成果，论文产出规模从26061篇到41804篇，呈现稳步增长的趋势（图3-1）。2010年，美国的论文规模以23.4%的份额遥遥领先于其他国家（其他国家份额均低于10%），是林业领域的学术研究大国。排名TOP20的国家研究总量占总体研究规模的74.57%，研究贡献量较少的长尾国家占到了90%以上，这在一定程度上反映出该领域的研究资源比较集中。

以五年为一个阶段对各个国家的研究规模进行排序，美国、中国、巴西、德国、西班牙、加拿大的研究份额排名稳居前六位，其中中国和巴西这两个金砖国家的世界份额紧追美国其后，尤其是中国的研究规模取得了跨越性的进步，反映出我国在林业科学领域不断升温的学术关注度和研究热潮。2010—2014年的第一个5年期，中国林业研究规模的世界份额刚刚突破10%，距离美国的占比还有成倍的差距；2015—2019年的第二个5年期，中国林业研究规模的世界份额就已经接近20%，与美国的占比基本持平（表3-1）。2010—2019年间，中国的论文规模从2449篇扩大至10238篇，增长了4.18倍，并在2019年以24.49%的世界份额超过美国，跃居世界第一（图3-2）。

表 3-1 2010—2019 年林业科学 SCI 论文 TOP20 国家和地区（按 2015—2019 年论文量遴选）

国家(地区)	10年总计	论文数（篇）										2010—2014年			2015—2019年			份额增量	排名变化
		2010	2011	2012	2013	2014	2015	2016	2017	2018	2019	论文数（篇）	世界份额	排名	论文数（篇）	世界份额	排名		
世界	333463	26061	28282	29783	31452	32602	33499	35245	36617	39291	41804	148180	—	—	186456	—	—	—	—
美国	72672	6099	6484	6700	7124	7238	7139	7573	7839	8159	8317	33645	22.71%	1	39027	20.93%	1	-1.77%	0
中国	54757	2449	2958	3415	4120	4811	5573	6225	6753	8215	10238	17753	11.98%	2	37004	19.85%	2	7.87%	0
巴西	25985	1912	2027	2202	2268	2534	2735	2914	2932	3228	3233	10943	7.38%	3	15042	8.07%	3	0.68%	0
德国	19854	1499	1624	1751	1847	1959	1981	2136	2275	2390	2392	8680	5.86%	4	11174	5.99%	4	0.14%	0
西班牙	18695	1447	1593	1725	1801	1903	1926	1947	2006	2201	2146	8469	5.72%	5	10226	5.48%	5	-0.23%	0
加拿大	17808	1532	1620	1677	1754	1751	1783	1846	1832	1955	2058	8334	5.62%	6	9474	5.08%	6	-0.54%	0
英国	16228	1258	1332	1379	1505	1624	1596	1716	1819	2043	1956	7098	4.79%	8	9130	4.90%	7	0.11%	1
意大利	14760	1043	1121	1218	1342	1410	1550	1617	1674	1852	1933	6134	4.14%	11	8626	4.63%	8	0.49%	3
法国	15841	1268	1390	1393	1583	1615	1590	1669	1723	1808	1802	7249	4.89%	7	8592	4.61%	9	-0.28%	-2
澳大利亚	14904	1084	1255	1341	1394	1496	1536	1598	1553	1768	1879	6570	4.43%	9	8334	4.47%	10	0.04%	-1
印度	13708	1051	1163	1257	1312	1318	1400	1462	1543	1582	1620	6101	4.12%	12	7607	4.08%	11	-0.04%	1
日本	13483	1285	1213	1325	1333	1273	1326	1394	1421	1482	1431	6429	4.34%	10	7054	3.78%	12	-0.56%	-2
波兰	7681	482	505	569	685	706	813	892	927	996	1106	2947	1.99%	16	4734	2.54%	13	0.55%	3
韩国	7816	561	634	684	736	724	787	827	892	972	999	3339	2.25%	14	4477	2.40%	14	0.15%	0
瑞典	7775	589	618	721	728	795	795	875	858	892	904	3451	2.33%	13	4324	2.32%	15	-0.01%	-2
墨西哥	7087	416	547	575	604	672	730	735	828	1000	980	2814	1.90%	18	4273	2.29%	16	0.39%	2
土耳其	6556	658	568	520	545	563	594	739	765	760	844	2854	1.93%	17	3702	1.99%	17	0.06%	0
伊朗	5901	313	458	481	504	504	539	660	743	811	888	2260	1.53%	20	3641	1.95%	18	0.43%	2
瑞士	6324	475	500	558	616	585	616	686	723	787	778	2734	1.85%	19	3590	1.93%	19	0.08%	0
芬兰	6448	521	571	603	637	685	628	694	690	728	691	3017	2.04%	15	3431	1.84%	20	-0.20%	-5

注："排名变化"列中，正数表示进步位次，负数表示退步位次。

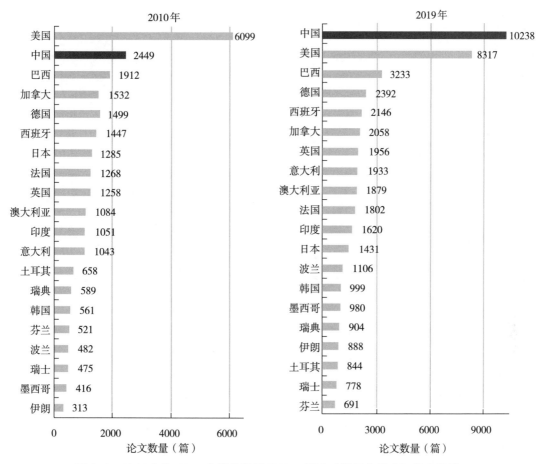

图 3-2　2010 年和 2019 年林业科学 TOP20 国家（地区）的 SCI 论文数量

3.2 林业科学高被引论文分析

3.2.1 学术影响力分析

国家的总被引频次反映的是国家总体科研水平，受研究规模总量影响较大，篇均引文指标消除了总量的偏差，揭示了论文的平均学术影响力，引用率指标则展示了发表论文中产生被引的份额。

2010—2019 年美国林业科学研究一直稳居林业科学总被引频次的榜首，保持年均约 30% 的世界份额远高于其他国家。但是，对比前后两个 5 年阶段，TOP20 的国家有 17 个国家的世界份额呈正向增量，尤其中国攀升了 8.74 的百分点，巴西上升了 4 个排名，而美国反而呈现负增长，反映了美国优势地位的下降和中国等国家亟待开发的研究潜力（表 3-2）。

2015—2019 年的 TOP10 国家的篇均引文指标与引用率排名中，各国均高于世界基线，论文产出总量相对较小的英国、澳大利亚、德国、意大利、法国、西班牙、加拿大，超过了论文产出总量排名前三位的美国、中国、巴西。尤其是英国，以篇均引文 14.89 篇，引用率 92.95% 高居两榜榜首。可以看出英国等欧洲发达国家在林业研究方面的具有广泛的学术影响力，北美国家加拿大和美国紧随其后，但是中国和巴西在学术影响力上的表现相对较弱，需要更高质量的研究内容和更深层次的国际合作以拓展学术影响（图 3-3）。

表 3-2　2010—2019 年林业科学 TOP20 国家（地区）SCI 论文的被引频次（按照 2015—2019 年被引频次遴选和排序）

国家（地区）	10年总计	被引频次 2010	2011	2012	2013	2014	2015	2016	2017	2018	2019	2010—2014年 被引频次	世界份额	排名	2015—2019年 被引频次	世界份额	排名	份额增量	排名变化
世界	4599866	676607	632442	611665	578433	533634	472417	405586	325092	238026	125964	3032781	—	—	1567085	—	—	—	—
美国	1394556	213744	203665	201357	178301	162465	131307	119841	89973	63147	30756	959532	31.64%	1	435024	27.76%	1	-3.88%	0
中国	734338	74876	70720	74584	80985	92702	89612	80514	72276	61160	36909	393867	12.99%	2	340471	21.73%	2	8.74%	0
德国	407705	56098	52719	50385	51158	48764	43745	40053	30726	21743	12314	259124	8.54%	3	148581	9.48%	3	0.94%	0
英国	385742	60907	52340	47356	44038	45159	38997	37327	28519	20291	10808	249800	8.24%	4	135942	8.67%	4	0.44%	0
西班牙	359757	49909	48508	47494	43610	42816	36113	33299	27904	19595	10509	232337	7.66%	6	127420	8.13%	5	0.47%	1
巴西	285870	35055	34757	34279	32770	36003	33327	28303	24989	16839	9548	172864	5.70%	10	113006	7.21%	6	1.51%	4
意大利	290635	39677	33878	34932	37842	32499	31759	27845	25189	16821	10193	178828	5.90%	9	111807	7.13%	7	1.24%	2
澳大利亚	316940	38902	45619	41495	36943	43141	33733	27760	22318	17351	9678	206100	6.80%	8	110840	7.07%	8	0.28%	0
加拿大	333704	50356	49961	44326	42348	38317	31932	27633	22751	16244	9836	225308	7.43%	7	108396	6.92%	9	-0.51%	-2
法国	344076	61384	47936	39837	42373	44517	30876	28727	23647	15926	8853	236047	7.78%	5	108029	6.89%	10	-0.89%	-5
印度	177610	24276	22241	23120	20661	19373	19246	16298	14362	11328	6705	109671	3.62%	13	67939	4.34%	11	0.72%	2
瑞士	187987	34853	21225	19622	23321	23407	20786	15490	13228	10171	5884	122428	4.04%	11	65559	4.18%	12	0.15%	-1
瑞典	174174	22251	20769	22026	22404	22214	18784	15862	13897	10082	5885	109664	3.62%	14	64510	4.12%	13	0.50%	1
日本	175778	27340	24173	23202	22761	18399	15916	14455	13747	9476	6309	115875	3.82%	12	59903	3.82%	14	0.00%	-2
荷兰	162869	25043	19989	19876	21386	19792	17479	14273	11536	8370	5125	106086	3.50%	15	56783	3.62%	15	0.13%	0
韩国	117924	16210	12780	12339	13408	13457	10963	13171	11515	8634	5447	68194	2.25%	18	49730	3.17%	16	0.92%	2
芬兰	145002	20083	21957	18476	18313	16634	14066	12105	10681	7650	5037	95463	3.15%	16	49539	3.16%	17	0.01%	-1
波兰	93767	8319	9028	9322	10854	11089	10594	11098	10932	7571	4960	48612	1.60%	19	45155	2.88%	18	1.28%	1
比利时	115319	16895	13280	13213	15080	14959	11368	10900	8448	6816	4360	73427	2.42%	17	41892	2.67%	19	0.25%	-2
伊朗	84871	7106	9735	9014	9272	9095	9282	9424	8722	7514	5707	44222	1.46%	20	40649	2.59%	20	1.14%	0

注："排名变化"列中，正数表示进步位次，负数表示退步位次

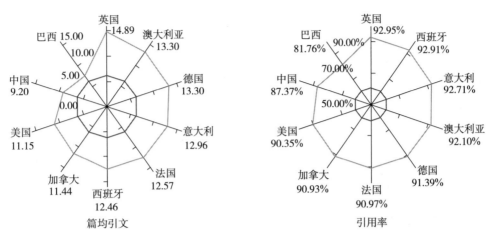

图 3-3 2015—2019 年 TOP10 国家（地区）林业科学论文篇均引文和引用率

注：TOP10国家（地区）按照2015—2019年SCI论文量遴选（表3-2）。

3.2.2 重要研究成果概况

在科研评价中，被引频次高的论文通常意味着该科研成果的高质量和高关注度。本书定义被引频次高居林业领域前1%的为高被引论文，作为分析林业科学重要研究成果的样本数据（图3-4、表3-3）。

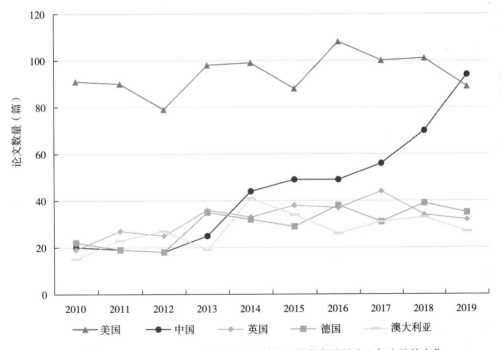

图 3-4 2015—2019 年 TOP5 国家林业科学高被引论文年度趋势变化

表3-3　2010—2019年林业科学TOP20国家（地区）的高被引论文数量（按2015—2019年高被引论文遴选和排序）

国家（地区）	10年总计	论文数（篇）											2010—2014年				2015—2019年				排名变化
		2010	2011	2012	2013	2014	2015	2016	2017	2018	2019	论文数（篇）	世界份额	排名	论文数（篇）	世界份额	排名	份额增量	
世界	2067	180	176	161	207	197	216	218	224	237	251	921	—	—	1146	—	—	—	—
美国	943	91	90	79	98	99	88	108	100	101	89	457	49.62%	1	486	42.41%	1	-7.21%	0
中国	444	20	19	18	25	44	49	49	56	70	94	126	13.68%	3	318	27.75%	2	14.07%	1
英国	325	19	27	25	36	33	38	37	44	34	32	140	15.20%	2	185	16.14%	3	0.94%	-1
德国	298	22	19	18	35	32	29	38	31	39	35	126	13.68%	4	172	15.01%	4	1.33%	0
澳大利亚	276	15	23	27	19	41	34	26	31	33	27	125	13.57%	5	151	13.18%	5	-0.40%	0
加拿大	228	25	20	21	22	17	22	22	24	28	27	105	11.40%	7	123	10.73%	6	-0.67%	1
法国	239	21	20	15	27	34	21	25	22	29	25	117	12.70%	6	122	10.65%	7	-2.06%	-1
意大利	189	12	10	12	20	18	25	20	27	19	26	72	7.82%	9	117	10.21%	8	2.39%	1
西班牙	196	15	19	15	18	19	21	24	23	18	24	86	9.34%	8	110	9.60%	9	0.26%	-1
瑞士	157	14	8	10	20	18	15	15	21	21	15	70	7.60%	11	87	7.59%	10	-0.01%	1
巴西	147	8	9	12	18	14	18	19	21	10	18	61	6.62%	12	86	7.50%	11	0.88%	1
瑞典	130	8	5	9	12	14	17	10	23	16	16	48	5.21%	13	82	7.16%	12	1.94%	1
荷兰	153	18	11	8	18	17	17	20	18	14	12	72	7.82%	10	81	7.07%	13	-0.75%	-3
韩国	74	1	5	3	5	3	4	11	13	16	13	17	1.85%	19	57	4.97%	14	3.13%	5
奥地利	84	6	8	8	8	6	9	14	8	9	8	36	3.91%	15	48	4.19%	15	0.28%	0
芬兰	89	4	10	11	9	8	12	8	9	6	12	42	4.56%	14	47	4.10%	16	-0.46%	-2
比利时	80	9	4	5	7	10	8	8	11	12	6	35	3.80%	16	45	3.93%	17	0.13%	-1
伊朗	51	0	1	2	1	3	3	5	8	11	17	7	0.76%	20	44	3.84%	18	3.08%	2
挪威	69	2	7	10	6	2	4	7	13	12	6	27	2.93%	17	42	3.66%	19	0.73%	-2
日本	66	3	8	5	7	2	6	5	7	9	14	25	2.71%	18	41	3.58%	20	0.86%	-2

注："排名变化"列中，正数表示进步位次，负数表示退步位次。

2010—2019年，全球高被引论文的总数为2067篇，占研究总规模的6‰。在排名前十的国家中，只有中国一个发展中国家。2010年，美国以91篇高被引论文高居榜首，与排名之后的国家相比处于绝对优势地位。十年间各个国家的年度数量变化相对稳定，只有作为新兴经济体的中国一枝独秀，以迅猛的增长速度在2019年赶超美国，成为林业领域高被引论文的TOP1（图3-5）。2010—2014年和2015—2019年前后两个5年期相比，高被引论文数量的份额实现3%以上增长的有中国、韩国、伊朗，也由此导致美国出现了7.21%的显著负增长。数据显示，美国等发达国家的林业研究已经形成了相对成熟的体系和格局，需要注入外部的创新与合作来激活科研饱和度；中国等发展中国家的林业科研正在不断优化研究资源和方法以实现持续高质量的成果产出。

高被引论文占本国研究规模的大小反映了国家重要成果的产出效率。与英国（2.00%）、美国（1.30%）相比，中国（0.81%）的研究产出效率相对较低。我国需要考虑如何进一步配置科研资源和规划学科布局，实现更高效率的科研投入与产出。

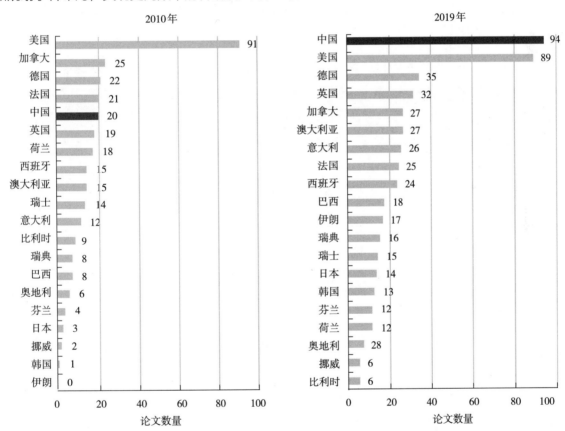

图3-5 2010年和2019年TOP20国家（地区）林业科学高被引论文数量趋势变

中国在林业学术研究的水平与质量上仍与英国等发达国家存在较大差距，但从2010—2014年、2015—2019年前后两个五年期的数据比较来看，中国的高被引论文增速（14.07%）显著高于被引频次增速（8.74%）和论文总量的增速（7.87%），且三者增速都远高于其他国家。这充分表明，中国的林业研究正处在迅猛发展的上升期，如何能够在继续保持进步的基础上，抓住时机与高水平国家开展学习合作，缩短与发达国家的科研差距，取得长足的进步，是各个林业部门和研究学者需要思考和解决的问题。

3.3 林业科学国际合作分析

3.3.1 国际合作与自主研究

自主创新和学术交流是在科学研究的两类模式。自主研究对国家的整体科研实力要求较高，国际合作中则可以实现不同主体之间资源优势和科研实力的互补或者强强联合。本书定义自主研究文献为署名国家的数量为1的论文，国际合作文献为署名国家的数量大于1的论文。

2010—2019年，各个国家和地区的国家合作数量和份额均出现了不同程度的增长。从前后两个5年的论文总量数额对比来看（表3-4），林业领域的主要研究模式开始由自主创新向国际合作转变：TOP20国家中国际合作占比高于50%的国家由6个上升到了10个。随着全球化进程的加快和通信技术的更迭，多方科研合作的数量激增，既给自主创新能力相对落后的国家带来了学习和提升的契机，也给科研强国以弥补短板和优化资源配置的有效途径。中国的自主研究数量从12128篇增长到24943篇，实现翻倍增长，一方面是自主创新能力的增强，另一方面也得益于学术交流所带来的新技术、新方法和新工具。

表3-4 2010—2019年林业科学TOP20国家（地区）的自主研究与国际合作数量和份额

国家（地区）	2010—2014年				2015—2019年			
	自主研究		国际合作		自主研究		国际合作	
	数量	份额	数量	份额	数量	份额	数量	份额
美国	20259	60.21%	13386	39.79%	19285	49.41%	19742	50.59%
中国	12128	68.32%	5625	31.68%	24943	67.41%	12061	32.59%
巴西	8392	76.69%	2551	23.31%	10031	66.69%	5011	33.31%
德国	3302	38.04%	5378	61.96%	3375	30.20%	7799	69.80%
西班牙	4610	54.43%	3859	45.57%	4238	41.44%	5988	58.56%
加拿大	4504	54.04%	3830	45.96%	4165	43.96%	5309	56.04%
英国	2134	30.06%	4964	69.94%	1839	20.14%	7291	79.86%
意大利	3320	54.12%	2814	45.88%	3905	45.27%	4721	54.73%
法国	2567	35.41%	4682	64.59%	3351	39.00%	5241	61.00%
澳大利亚	3271	49.79%	3299	50.21%	3179	38.14%	5155	61.86%
印度	4996	81.89%	1105	18.11%	5742	75.48%	1865	24.52%
日本	4170	64.86%	2259	35.14%	3949	55.98%	3105	44.02%
波兰	2154	73.09%	793	26.91%	3187	67.32%	1547	32.68%
韩国	2297	68.79%	1042	31.21%	2791	62.34%	1686	37.66%
瑞典	1428	41.38%	2023	58.62%	1338	30.94%	2986	69.06%
墨西哥	1560	55.44%	1254	44.56%	2431	56.89%	1842	43.11%
土耳其	2287	80.13%	567	19.87%	2826	76.34%	876	23.66%
伊朗	1674	74.07%	586	25.93%	2330	63.99%	1311	36.01%
瑞士	716	26.19%	2018	73.81%	650	18.11%	2940	81.89%
芬兰	1551	51.41%	1466	48.59%	1372	39.99%	2059	60.01%

注：TOP20国家（地区）按2015—2019年世界SCI论文量遴选和排序。份额指占本国（地区）份额。

国际合作不仅带动了林业领域的研究规模，也在重要成果上有所贡献。对比前后高被引SCI论文的两个5年期（表3-5），各个国家高被引论文的国际合作份额均高于论文总量的国际合作份额，即国际合作的重要成果产出效率要高于自主研究，这意味着国际交流和学术协作在一定程度上促进了林业领域的高质量产出。中国的重要成果中，自主研究数量从46篇增长到122篇，国际合作数量从80篇增长到196篇，数据直追排名第一的美国，其中自主研究以38.36%的份额排名第一，揭示出中国在林业领域的研究逐渐形成了自己的优势地位。

无论是论文规模还是高被引论文，中国在自主研究和国际合作两方面都实现了成倍的增长，这意味着中国林业领域的自主创新和国际交流都取得了巨大的进步。

表3-5　2010—2019年林业科学TOP20国家（地区）高被引SCI论文的自主研究与国际合作数量和份额

国家（地区）	2010—2014年				2015—2019年			
	自主研究		国际合作		自主研究		国际合作	
	数量	份额	数量	份额	数量	份额	数量	份额
美国	169	36.98%	288	63.02%	131	26.95%	355	73.05%
中国	46	36.51%	80	63.49%	122	38.36%	196	61.64%
英国	16	11.43%	124	88.57%	15	8.11%	170	91.89%
德国	18	14.29%	108	85.71%	12	6.98%	160	93.02%
澳大利亚	14	11.20%	111	88.80%	13	8.61%	138	91.39%
加拿大	29	27.62%	76	72.38%	22	17.89%	101	82.11%
法国	8	6.84%	109	93.16%	14	11.48%	108	88.52%
意大利	10	13.89%	62	86.11%	16	13.68%	101	86.32%
西班牙	22	25.58%	64	74.42%	9	8.18%	101	91.82%
瑞士	6	8.57%	64	91.43%	5	5.75%	82	94.25%
巴西	8	13.11%	53	86.89%	5	5.81%	81	94.19%
瑞典	2	4.17%	46	95.83%	6	7.32%	76	92.68%
荷兰	6	8.33%	66	91.67%	6	7.41%	75	92.59%
韩国	6	35.29%	11	64.71%	9	15.79%	48	84.21%
奥地利	5	13.89%	31	86.11%	7	14.58%	41	85.42%
芬兰	3	7.14%	39	92.86%	3	6.38%	44	93.62%
比利时	3	8.57%	32	91.43%	2	4.44%	43	95.56%
伊朗	4	57.14%	3	42.86%	9	20.45%	35	79.55%
挪威	1	3.70%	26	96.30%	1	2.38%	41	97.62%
日本	2	8.00%	23	92.00%	5	12.20%	36	87.80%

注：TOP20国家（地区）按2015—2019年世界SCI高被引论文量遴选和排序。份额指占本国（地区）份额。

3.3.2　全球合作网络

2010年和2019年林业科学SCI论文国际合作网络（图3-6）在相同阈值下的密度差异，直观描绘了这十年国际合作的大范围扩张，学术交流的参与者数和互动频次双双增加，而美国一直处于整个网络的核心位置，是林业领域国际合作与交流的关键枢纽。

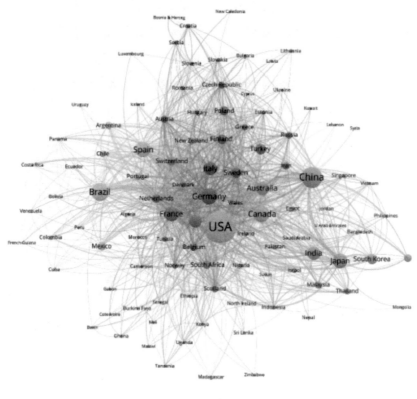

2010年

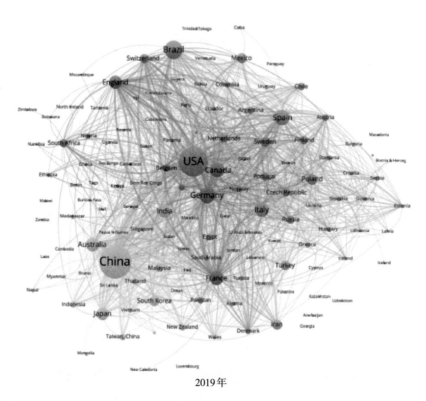

2019年

图3-6　2010年和2019年林业科学SCI论文国际合作网络

注：合作频次阈值为10次，节点代表国家（地区），连线代表国家（地区）间的合作，节点大小代表各国（地区）发表文章数量的多少，连线的粗细代表国家（地区）间合作频次的多少。

接近中心度指标是社会网络分析中用来测度节点在整体网络中位置的指标，可以用来测度国家在国际合作网络中的核心或边缘位置。2010—2019年，美国、德国、法国和英国一直维持前四名的优势地位，是林业领域的国际学术交流的实力主导者。中国的中心度得分从0.745提高到0.868，排名也从第九名提升到了第五名，这意味着中国在林业科学国际上的合作强度和广度都有了一定程度的提高（表3-6）。

表3-6　2010年和2019年林业科学TOP10国家（地区）的接近中心度

中心度排名	2010年		2019年	
	国家	得分	国家	得分
1	美国	0.944	美国	0.956
2	德国	0.911	德国	0.949
3	法国	0.879	法国、英国	0.891
4	英国	0.864	澳大利亚	0.885
5	意大利	0.791	中国、加拿大	0.868
6	加拿大	0.773	意大利	0.856
7	荷兰	0.756	西班牙	0.824
8	比利时、西班牙	0.750	荷兰	0.809
9	中国、澳大利亚	0.745	比利时、日本	0.794
10	瑞士	0.739	巴西、瑞士	0.784

3.4 林业科学主要机构分析

通过对林业科学研究论文所属机构进行统计分析，可以帮助明确林业科学的研究力量分布现状。根据统计分析，将发文量排名前20的机构列于表3-7中。数据显示，中国科学院的发文数量最多，为12101篇，占林学科学领域论文总量的3.62%，远高于其他相关的研究机构。排在第二位的是美国林务局，发文量为5230篇，占林学科学领域论文总量的1.56%。排在第三位的是巴西圣保罗大学，发文量为3690篇，占林学科学领域论文总量的1.10%。排在第四位的是北京林业大学，发文量为3234篇，占林学科学领域论文总量的0.97%。排在第五位的是美国佛罗里达大学，发文量为3138篇，占林学科学领域论文总量的0.94%。排在第6~10位的依次是西班牙国家研究委员会（2989篇）、瑞典农业科学大学（2719篇）、加拿大不列颠哥伦比亚大学（2615篇）、中国林业科学研究院（2522篇）、法国国家农业研究院（2467篇）。

从表3-7中可以看出，2010—2019年间发文量增长率最多的三个机构依次是中国林业科学研究院（22.61%）、北京林业大学（21.57%）和中国科学院（11.53%）。这可能与中国近几年科学研究快速发展有关。

表 3-7 林业科学领域发文量排名前 20 位机构

排序	机构	10年总计	历年论文发表数量										增长率
			2010	2011	2012	2013	2014	2015	2016	2017	2018	2019	
1	中国科学院	12101	700	779	900	1028	1184	1297	1388	1413	1543	1869	11.53%
2	美国林务局	5230	506	451	516	489	487	431	516	605	578	651	2.84%
3	巴西圣保罗大学	3690	236	247	312	324	352	354	433	417	497	518	9.13%
4	北京林业大学	3234	101	126	178	263	339	388	384	384	485	586	21.57%
5	美国佛罗里达大学	3138	272	282	283	277	294	272	300	362	404	392	4.14%
6	西班牙国家研究委员会	2989	289	247	241	277	307	301	302	312	355	358	2.41%
7	瑞典农业科学大学	2719	208	234	271	288	281	263	298	303	274	299	4.11%
8	加拿大不列颠哥伦比亚大学	2615	251	215	244	235	238	255	304	266	275	332	3.16%
9	中国林业科学研究院	2522	84	125	151	178	210	259	298	313	378	526	22.61%
10	法国国家农业研究院	2467	208	250	260	281	311	294	294	225	176	168	-2.35%
11	俄罗斯科学院	2445	173	182	198	222	231	248	262	293	316	320	7.07%
12	美国俄勒冈州立大学	2416	173	215	209	235	235	223	265	282	286	293	6.03%
13	芬兰赫尔辛基大学	2297	193	204	200	243	238	223	234	259	253	250	2.92%
14	美国地质勘探局	2189	147	186	190	208	210	236	253	268	235	256	6.36%
15	美国加州大学戴维斯分校	2144	177	198	184	205	198	201	234	237	235	275	5.02%
16	墨西哥国立自治大学	2078	132	169	177	177	216	218	217	215	306	251	7.40%
17	巴西联邦维科萨大学	1927	161	204	170	187	183	190	224	193	219	196	2.21%
18	美国加州大学伯克利分校	1861	170	178	212	193	194	204	191	193	172	154	-1.09%
19	日本京都大学	1804	164	165	161	170	172	178	198	224	189	183	1.23%
20	加拿大阿尔伯塔大学	1741	128	152	168	172	159	156	193	175	208	230	6.73%

3.5 林业科学主要期刊分析

统计全球了林业科学领域SCI发文的期刊分布，并列出发文量位于前20位的重要期刊及期刊在2020年的分区情况（表3-8），这20个期刊上的发文占全球总发文的11.84%。排名前20位的期刊中，2020年中国科学院SCI期刊分区为1区的有6种期刊，2区的6种期刊，3区的5种期刊，4区的3种期刊。

数据显示，2010—2019年Forest Ecology and Management刊物上的发文量最多，为5636篇，该期刊中国科学院SCI期刊分区为1区；排在第二位的是Plos One期刊，发文量为4167篇，中国科学院SCI期刊分区为3区；排在第三位的是Forests期刊，发文量为3331篇，中国科学院SCI期刊分区为3区；排在第四位的是Bioresources期刊，发文量为2587篇，中国科学院SCI期刊分区为4区；排在第五位的是Agricultural and Forest Meteorology期刊，发文量为2398篇，中国科学院SCI期刊分区为4区。排在6~10位的期刊依次是Science of the Total Environment（1907篇）、Scientia Horticulturae（1638篇）、Scientific Reports（1635篇）、Ecological Engineering（1524篇）、Trees-Structure and Function（1466篇）。

表3-8 林业科学领域SCI发文的期刊分布

序号	期刊名称	10年总计	2010	2011	2012	2013	2014	2015	2016	2017	2018	2019	分区
1	Forest Ecology and Management	5636	466	475	518	645	545	446	599	604	610	728	1
2	Plos One	4167	62	173	363	550	658	709	497	427	403	325	3
3	Forests	3331	13	51	64	63	167	239	311	497	778	1148	3
4	Bioresources	2587	69	163	222	250	271	305	361	302	320	324	4
5	Agricultural and Forest Meteorology	2398	151	167	182	222	186	231	205	298	378	378	1
6	Science of the Total Environment	1907	44	48	58	70	124	121	229	254	418	541	1
7	Scientia Horticulturae	1638	109	153	131	159	159	151	144	160	195	277	2
8	Scientific Reports	1635	0	3	7	15	47	139	335	417	303	369	3
9	Ecological Engineering	1524	79	122	130	192	163	186	188	193	134	137	2
10	Trees-structure and Function	1466	108	105	169	158	155	167	177	151	144	132	3
11	Remote Sensing	1441	27	33	52	60	100	132	176	162	296	403	2
12	Phytotaxa	1381	9	19	50	76	142	182	239	193	234	237	4
13	Canadian Journal of Forest Research	1367	101	129	95	76	128	193	153	174	156	162	3
14	Zootaxa	1365	109	100	112	141	138	136	133	155	185	156	4
15	Food Chemistry	1364	104	151	141	110	132	140	163	144	134	145	1
16	Frontiers in Plant Science	1353	0	4	10	37	56	152	257	301	273	263	2
17	Tree Physiology	1288	134	131	126	112	111	108	121	139	145	161	2
18	Forest Policy and Economics	1270	66	75	136	114	96	124	160	163	153	183	1
19	Urban Forestry & Urban Greening	1260	36	40	50	69	99	132	185	185	198	266	2
20	Industrial Crops and Products	1241	36	42	62	162	102	180	136	140	180	201	1

3.6 林业科学涉及学科分析

3.6.1 学科发展概况

本文使用Web of Science核心合集的学科分类（简称WoS学科分类），选取TOP10的相关学科进行分析，每一篇论文都至少对应一个WoS学科分类。WoS论文的数量和增长速度可以作为学科发展规模和速度的参考数据。2010—2019年与林业相关的学科TOP10中（表3-9），林学、环境科学、植物科学和生态学的研究体量较大，林学、环境科学、植物科学、食品科学与技术、农艺学、造纸与木材材料科学发展速度较快。作为林业科学的理论基础，林学学科仍以51369篇的研究规模和相对平稳的发展速度（5.63%）保持在核心地位；环境科学8.04%的高增长率反映了近十年受到极大关注和争议的全球环境问题，学者们试图从林业的角度入手寻求解决方案；较小体量的食品科学与技术和农艺学分别以5.66%、6.26%的增长率展示了新兴学科的发展活力。

表3-9　TOP10林业科学WoS学科分类SCI论文数（按照2010—2019年论文数遴选和排序，单位：篇）

WoS学科分类	2010	2011	2012	2013	2014	2015	2016	2017	2018	2019	总计	增长率
林学	3986	4286	4609	4732	4911	5147	5403	5695	6075	6525	51369	5.63%
环境科学	2626	3009	2992	3373	3516	3836	4256	4495	4950	5266	38319	8.04%
植物科学	2926	3058	3298	3544	3678	3865	4198	4241	4381	4657	37846	5.30%
生态学	3190	3301	3431	3426	3713	3837	3868	4107	4121	4082	37076	2.78%
食品科学与技术	1129	1234	1279	1309	1284	1407	1419	1629	1692	1853	14235	5.66%
农艺学	1070	1076	1201	1483	1310	1377	1388	1453	1578	1848	13784	6.26%
地球科学	858	877	1042	1150	1090	1213	1245	1194	1296	1307	11272	4.79%
生物多样性保护学	974	937	1007	1039	1077	1154	1064	1253	1321	1254	11080	2.85%
造纸与木材材料科学	746	877	1028	961	1029	1165	1206	1107	1266	1158	10543	5.01%
生物技术与应用微生物学	1001	1204	950	994	985	965	979	981	920	959	9938	-0.48%

注：增长率指年复合平均增长率。

3.6.2　各国学科布局

不同国家的学科布局与经济社会的发展阶段和教育科研的发展水平息息相关，呈现出差异化的战略特征。从2010年到2019年的数据来看（图3-7、图3-8），TOP10国家的学科布局没有发生太大变化。各个国家的学科发展各有侧重，中国、西班牙、意大利学科规模相对均衡，美国、加拿大、英国、德国、法国、澳大利亚等国偏好重点倾斜。林学、环境科学、植物科学和生态学是各个国家都重点布局的主要学科；中国、意大利、西班牙在食品科学与技术领域具有优势地位；美国、中国、巴西在农艺学中贡献突出；美国、英国、德国在地球科学和生物多样性与保护学领域产出较多。

2010年中国各个学科的研究规模在TOP10国家中都处于相对劣势的地位，10年间中国积极布局林业科学相关学科，在多个学科领域百花齐放，尤其是环境科学、植物科学、农艺学、造纸与木材材料科学、生物技术与应用微生物学在2019年成为各个学科研究规模的主力军。

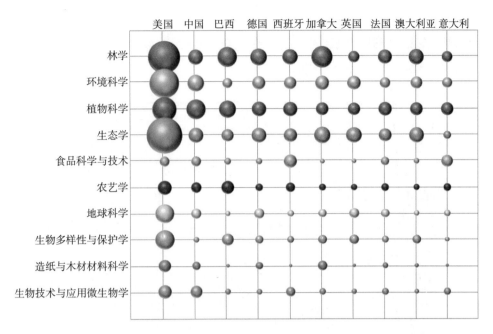

图 3-7　2010 年林业科学 TOP10 国家 WoS 学科分类论文数气泡图

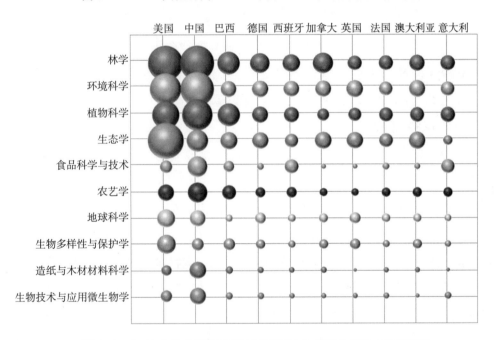

图 3-8　2019 年林业科学 TOP10 国家 WoS 学科分类论文数气泡图

3.7 林业科学关键词分析

统计林业科学领域的SCI论文的关键词词频，并根据关键词的含义手工清理同义词，并绘制出词频前200位的高频关键词云（图3-9）。关键词频次排前20位依次是气候变化（6020次）、湿地（3957次）、分类学（3624次）、生物多样性（3129次）、生物质（2967次）、保护（2853次）、遥感（2308次）、木材（2266次）、森林经营（2213次）、红树林（2143次）、抗氧化剂（2082次）、干旱（2038次）、树木（1959次）、森林（1913次）、森林砍伐（1772次）、人工湿地（1746次）、热带森林（1699次）、系统发育（1682次）、遗传多样性（1651次）、抗氧化活性（1640次）。现有数据表明，我国林业科学领域研究的热点主要是与林业相关的气候变化、湿地、分类学、生物多样性、生物质、保护、遥感、木材、森林经营、红树林等。

图 3-9　林业科学研究领域论文高频关键词云

2010—2019年间高频关键词增长率最高的5个依次是气候变化（10.89%）、抗氧化剂（10.84%）、系统发育（10.72%）、遥感（10.63%）和干旱（9.45%）。这5个研究领域是近几年关注度比较高的林业科学研究领域。

3.8　小结

作为全球林业科学舞台上迅速崛起的重要力量，中国的林业科学研究取得了显著的进展和成效，连续多年保持了强劲的科研产出增长态势，成为年SCI论文产出最多的国家。但是，产出大国不等于科学强国。提升中国林业科学研究的综合实力，实现向科学强国转型，都离不开对其综合实力水平的客观认识和正确评估。随着全球范围内开放科学的科研环境演变，科学研究正在发生深刻变革，这要求我们在科研变局的档口能够提出系统性的战略判断，准确识别优势、补足短板，抓住多元信息融合的机会建设新的资源机制和学科体系。本文以Web of Science的科学引文数据为来源，用定量分析的方法展示了2010—2019年世界与中国林业科学十年的发展态势，可以从宏观的角度为林业领域的战略设置和规划布局提供支撑性参考。

文献计量分析的结果表明：2010—2019年是中国的林业科学研究迅猛发展的上升期，不论是研究规模还是研究质量都取得了跨越性的进步，跻身世界前列。在重要成果方面，中国的高质量研究已形成优势，但需要提升成果产出率；在国际合作方面，中国逐步提升了学术交流的广度、科研协作的强度和研究内容的深度，在林业领域的国际科研地位有所提高；在学科发展方面，在夯实传统林业基础的前提下实现了多学科均衡布局，需要继续实现优势学科的针对性突破。总体而言，凭着自主创新的实力，借着科研全球化的东风，警惕滥竽充数的科研废料，中国的林业科学研究发展态势整体向好。

第 4 章
林业科学主要国家分析

4.1 美国

科学产出 美国共参与发表SCI论文72672篇，论文数量从2010年的6099篇增加至2019年的8317篇。

国际合作 与美国合作最多的10个国家（地区）依次是中国、加拿大、英国、巴西、德国、澳大利亚、法国、西班牙、意大利、墨西哥。

科研机构 发文量最多的10个机构依次是美国林务局、佛罗里达大学、俄勒冈州立大学、美国地质调查局、加州大学戴维斯分校、加州大学伯克利分校、威斯康星大学、明尼苏达大学、美国农业科学研究院、佐治亚大学。

发文期刊 发文量TOP10期刊依次是Forest Ecology and Management、Plos One、Forests、Agricultural and Forest Meteorology、Ecosphere、Ecology、Global Change Biology、Forest Science、Canadian Journal of Forest Research、Remote Sensing of Environment。

优势学科 美国发文量最多TOP学科依次是生态学、林学、环境科学、植物科学、生物多样性保护学、多学科地球科学、动物学、自然地理学、气象学和大气科学、农艺学。

高频关键词 TOP10高频关键词依次是climate change、wetlands、remote sensing、drought、biodiversity、disturbance、invasive species、biomass、conservation、taxonomy、forest management。

国土人口	国土面积（万平方千米）	963.203	人口（亿人）	3.3
林业概况	森林面积（千公顷）	310095	人均森林面积（千公顷）	0.95787
	森林覆盖率（%）	34.650854	森林立木蓄积（百万立方米）	40699
	天然林面积（千公顷）	283731	人工林面积（千公顷）	26364

年度趋势

合作国家和地区

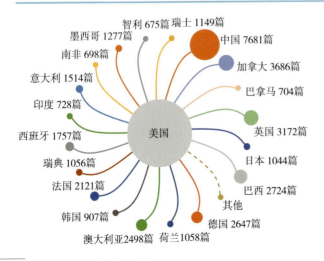

2010年合作国家（地区）	论文量（篇）	2019年合作国家（地区）	论文量（篇）
中国	334	中国	1321
加拿大	272	英国	446
英国	200	加拿大	433
德国	154	巴西	372
巴西	145	德国	339
澳大利亚	132	澳大利亚	327
法国	130	法国	288

TOP10机构

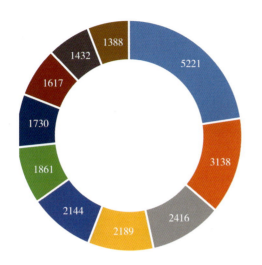

- 美国林务局（5221篇）
- 佛罗里达大学（3138篇）
- 俄勒冈州立大学（2416篇）
- 美国地质调查局（2189篇）
- 加州大学戴维斯分校（2144篇）
- 加州大学伯克利分校（1861篇）
- 威斯康星大学（1730篇）
- 明尼苏达大学（1617篇）
- 美国农业科学研究院（1432篇）
- 佐治亚大学（1388篇）

TOP10期刊

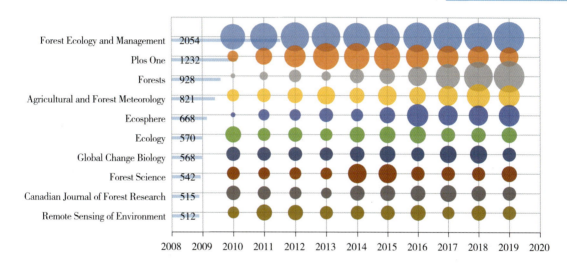

期刊	篇数
Forest Ecology and Management	2054
Plos One	1232
Forests	928
Agricultural and Forest Meteorology	821
Ecosphere	668
Ecology	570
Global Change Biology	568
Forest Science	542
Canadian Journal of Forest Research	515
Remote Sensing of Environment	512

TOP10学科

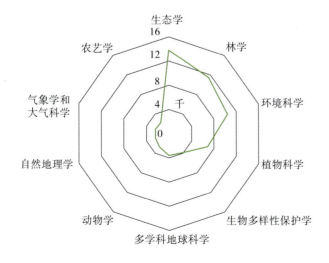

高频词云

第4章 林业科学主要国家分析

4.2 中国

科学产出 中国共发表54757篇SCI论文，论文数从2010年的2449篇增加至2019年的10238篇。

国际合作 与中国合作最多的10个国家（地区）依次是美国、加拿大、澳大利亚、英国、德国、日本、法国、韩国、芬兰、中国台湾。

科研机构 发文量最多的10个机构依次是中国科学院、北京林业大学、中国林业科学研究院、南京林业大学、西北农林科技大学、东北林业大学、浙江大学、北京大学、北京师范大学、中国农业大学。

发文期刊 发文量TOP10期刊依次是Plos One、Bioresources、Forests、Scientific Reports、Agricultural and Forest Meteorology、Science of the Total Environment、Bioresource Technology、Frontiers in Plant Science、Journal of Forestry Research、Mitochondrial DNA Part B-Resources。

优势学科 中国发文量最多TOP学科依次是植物科学、环境科学、林学、生态学、生物化学与分子生物学、食品科学与技术、多学科化学、基因与遗传学、造纸和木材材料科学、生物技术与应用微生物学。

高频关键词 TOP10高频关键词依次是China、taxonomy、climate change、phylogeny、gene expression、bamboo、biomass、transcriptome、genetic diversity、chloroplast genome。

国土人口	国土面积（万平方千米）	963.203	人口（亿人）	3.3
林业概况	森林面积（千公顷）	208321.3	人均森林面积（千公顷）	0.152045
	森林覆盖率（%）	24.832887	森林立木蓄积（百万立方米）	16002.4
	天然林面积（千公顷）	129339.1	人工林面积（千公顷）	78982.2

2010年合作国家（地区）	论文量（篇）	2019年合作国家（地区）	论文量（篇）
美国	7681	美国	7681
加拿大	1862	加拿大	1862
澳大利亚	1521	澳大利亚	1521
英国	1306	英国	1306
德国	1284	德国	1284
日本	1205	日本	1205
法国	642	法国	642

TOP10机构

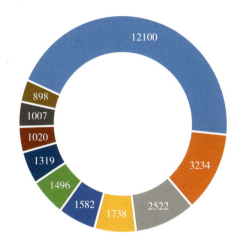

- 中国科学院（12100篇）
- 北京林业大学（3234篇）
- 中国林业科学研究院（2522篇）
- 南京林业大学（1738篇）
- 西北农林科技大学（1582篇）
- 东北林业大学（1496篇）
- 浙江大学（1319篇）
- 北京大学（1020篇）
- 北京师范大学（1007篇）
- 中国农业大学（898篇）

TOP10期刊

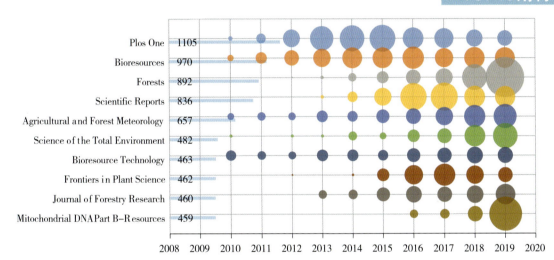

期刊	篇数
Plos One	1105
Bioresources	970
Forests	892
Scientific Reports	836
Agricultural and Forest Meteorology	657
Science of the Total Environment	482
Bioresource Technology	463
Frontiers in Plant Science	462
Journal of Forestry Research	460
Mitochondrial DNA Part B-Resources	459

TOP10学科

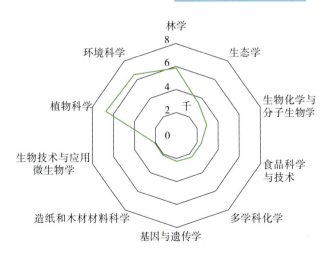

高频词云

第 4 章 林业科学主要国家分析

4.3 巴西

科学产出 巴西共参与发表SCI论文25985篇，论文数量从2010年的1912篇增加至2019年的3233篇。

国际合作 与巴西合作最多的10个国家（地区）依次是美国、英国、法国、德国、西班牙、澳大利亚、葡萄牙、加拿大、荷兰、阿根廷。

科研机构 发文量最多的10个机构依次是圣保罗大学、维科萨联邦大学、巴拉那联邦大学、金边大学、圣保罗州立大学、拉夫拉斯联邦大学、里约热内卢联邦大学、米纳吉拉斯联邦大学、南大河洲联邦大学、圣玛丽亚联邦大学。

发文期刊 发文量TOP10期刊依次是Ciencia Florestal、Revista Arvore、Scientia Forestalis、Cerne、Revista Brasileira de Fruticultura、Zootaxa、Phytotaxa、Ciencia Rural、Biota Neotropica、Acta Botanica Brasilica。

优势学科 巴西发文量最多TOP学科依次是林学、植物科学、生态学、农艺学、环境科学、动物学、生物多样性保护学、多学科农学、昆虫学、园艺学。

高频关键词 TOP10高频关键词依次是Atlantic forest、taxonomy、Brazil、conservation、Cerrado、*Eucalyptus*、Amazon、biodiversity、tropical forest、diversity。

国土人口	国土面积（万平方千米）	851.577	人口（亿人）	2.1
林业概况	森林面积（千公顷）	493538.3	人均森林面积（千公顷）	2.431164
	森林覆盖率（%）	61.980537	森林立木蓄积（百万立方米）	96745.4
	天然林面积（千公顷）	485802	人工林面积（千公顷）	7736

2010年合作国家（地区）论文量（篇）		2019年合作国家（地区）论文量（篇）	
美国	145	美国	372
法国	53	英国	163
英国	46	法国	146
德国	40	德国	122
澳大利亚	21	西班牙	120
葡萄牙	19	澳大利亚	74
西班牙	18	葡萄牙	74

TOP10机构

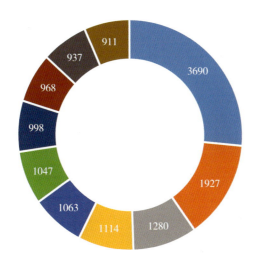

- 圣保罗大学（3690篇）
- 维科萨联邦大学（1927篇）
- 巴拉那联邦大学（1280篇）
- 金边大学（1114篇）
- 圣保罗州立大学（1063篇）
- 拉夫拉斯联邦大学（1047篇）
- 里约热内卢联邦大学（998篇）
- 米纳吉拉斯联邦大学（968篇）
- 南大河洲联邦大学（937篇）
- 圣玛丽亚联邦大学（911篇）

TOP10期刊

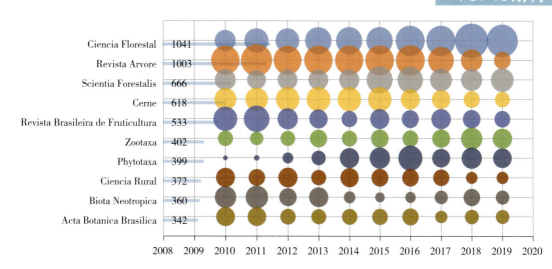

TOP10学科

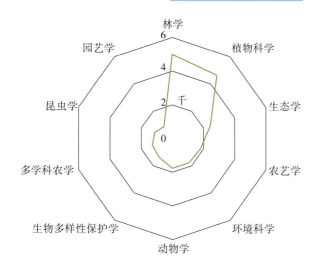

高频词云

第 4 章　林业科学主要国家分析

4.4 德国

科学产出 德国共参与发表SCI论文19854篇，论文数量从2010年的1499篇增加至2019年的2392篇。

国际合作 与德国合作最多的10个国家（地区）依次是美国、英国、瑞士、法国、中国、意大利、西班牙、奥地利、荷兰、瑞典。

科研机构 发文量最多的10个机构依次是哥廷根大学、慕尼黑理工大学、佛雷堡大学、汉堡大学、德累斯顿科技大学、波恩大学、UFZ亥姆霍兹中心环境研究中心、拜罗伊特大学、卡尔斯鲁厄理工学院、柏林洪堡大学。

发文期刊 发文量TOP10期刊依次是Forest Ecology and Management、Plos One、Forests、Agricultural and Forest Meteorology、European Journal of Wood and Wood Products、European Journal of Forest Research、Remote Sensing、Trees-Structure and Function、Forest Policy and Economics、Allgemeine Forst und Jagdzeitung。

优势学科 德国发文量最多TOP学科依次是林学、生态学、环境科学、植物科学、多学科地球科学、农艺学、生物多样性保护学、自然地理学、气象学与大气科学、土壤科学。

高频关键词 TOP10高频关键词依次是climate change、biodiversity、taxonomy、forest management、drought、deforestation、biomass、*Fagus sylvatica*、conservation、remote sensing。

国土人口	国土面积（万平方千米）	35.712	人口（亿人）	0.829279
林业概况	森林面积（千公顷）	11419	人均森林面积（千公顷）	0.140111
	森林覆盖率（%）	32.755802	森林立木蓄积（百万立方米）	3663
	天然林面积（千公顷）	6124	人工林面积（千公顷）	5295

2010年合作国家（地区）	论文量（篇）	2019年合作国家（地区）	论文量（篇）
美国	154	美国	339
瑞士	100	英国	221
英国	94	中国	211
法国	82	瑞士	196
奥地利	75	法国	176
中国	63	西班牙	164
意大利	59	荷兰	142

TOP10机构

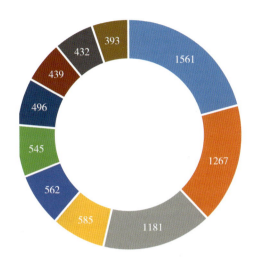

- 哥廷根大学（1561篇）
- 慕尼黑理工大学（1267篇）
- 佛雷堡大学（1181篇）
- 汉堡大学（585篇）
- 德累斯顿科技大学（562篇）
- 波恩大学（545篇）
- UFZ亥姆霍兹中心环境研究中心（496篇）
- 拜罗伊特大学（439篇）
- 卡尔斯鲁厄理工学院（432篇）
- 柏林洪堡大学（393篇）

TOP10期刊

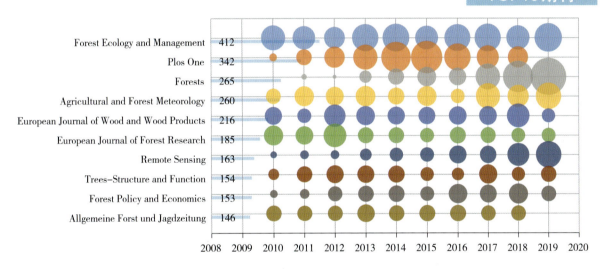

TOP10学科

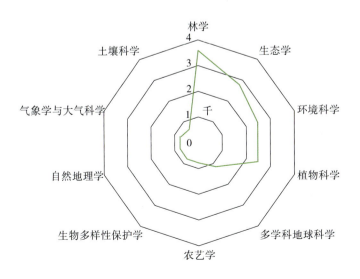

高频词云

第 4 章　林业科学主要国家分析　37

4.5 西班牙

科学产出 西班牙共参与发表SCI论文18695篇，论文数量从2010年的1447篇增加至2019年的2146篇。

国际合作 与西班牙合作最多的10个国家（地区）依次是美国、意大利、法国、英国、德国、葡萄牙、巴西、墨西哥、瑞士、智利。

科研机构 发文量最多的10个机构依次是西班牙国家研究委员会、科尔多瓦大学、格拉那达大学、马德里工业大学、巴塞罗那大学、瓦伦西亚工业大学、塞维利亚大学、圣地亚哥联合大学、巴塞罗那自治大学、瓦伦西亚大学。

发文期刊 发文量TOP10期刊依次是Forest Ecology and Management、Science of the Total Environment、Food Chemistry、Plos One、Scientia Horticulturae、Forest Systems、Forests、Journal of Agricultural and Food Chemistry、Agricultural and Forest Meteorology、Frontiers in Plant Science。

优势学科 西班牙发文量最多TOP学科依次是林学、植物科学、环境科学、生态学、食品科学与技术、农艺学、应用化学、多学科农业、园艺学、土壤科学。

高频关键词 TOP10高频关键词依次是climate change、olive oil、drought、phenolic compounds、Spain、virgin olive oil、citrus、biomass、*Olea europaea*、taxonomy。

国土人口	国土面积（万平方千米）	50.537	人口（亿人）	0.4673
林业概况	森林面积（千公顷）	18417.87	人均森林面积（千公顷）	0.388247
	森林覆盖率（%）	45.284774	森林立木蓄积（百万立方米）	1211.97
	天然林面积（千公顷）	15509.4	人工林面积（千公顷）	2908.5

2010年合作国家（地区）	论文量（篇）	2019年合作国家（地区）	论文量（篇）
美国	108	美国	241
法国	76	意大利	192
意大利	75	英国	179
英国	62	法国	172
德国	54	德国	164
葡萄牙	54	葡萄牙	135
墨西哥	38	巴西	120

TOP10 机构

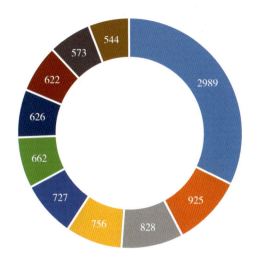

- 西班牙国家研究委员会（2989篇）
- 科尔多瓦大学（925篇）
- 格拉那达大学（828篇）
- 马德里工业大学（756篇）
- 巴塞罗那大学（727篇）
- 瓦伦西亚工业大学（662篇）
- 塞维利亚大学（626篇）
- 圣地亚哥联合大学（622篇）
- 巴塞罗那自治大学（573篇）
- 瓦伦西亚大学（544篇）

TOP10 期刊

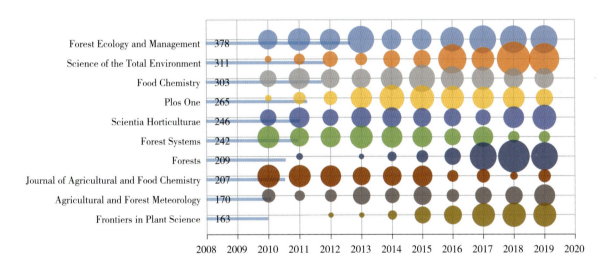

期刊	篇数
Forest Ecology and Management	378
Science of the Total Environment	311
Food Chemistry	303
Plos One	265
Scientia Horticulturae	246
Forest Systems	242
Forests	209
Journal of Agricultural and Food Chemistry	207
Agricultural and Forest Meteorology	170
Frontiers in Plant Science	163

TOP10 学科

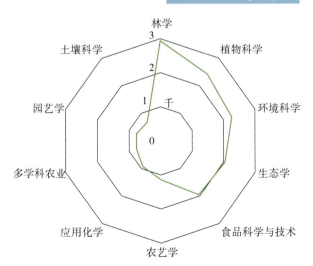

高频词云

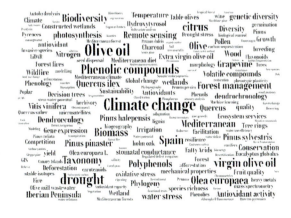

第 4 章　林业科学主要国家分析

4.6 加拿大

科学产出 加拿大共参与发表SCI论文17808篇，论文数量从2010年的1532篇增加至2019年的2058篇。

国际合作 与加拿大合作最多的10个国家（地区）依次是美国、中国、法国、英国、德国、澳大利亚、巴西、瑞典、西班牙、意大利。

科研机构 发文量最多的10个机构依次是不列颠哥伦比亚大学、阿尔伯塔大学、加拿大自然资源部、拉瓦尔大学、多伦多大学、麦吉尔大学、魁北克大学、圭尔夫大学、纽布伦斯威克大学、萨斯喀彻温大学。

发文期刊 发文量TOP10期刊依次是Forest Ecology and Management、Canadian Journal of Forest Research、Forestry Chronicle、Forests、Plos One、Agricultural and Forest Meteorology、Global Change Biology、Canadian Journal of Forest Research-Revue Canadienne de Recherche Forestiere、Science of the Total Environment、Remote Sensing。

优势学科 加拿大发文量最多TOP学科依次是林学、生态学、环境科学、植物科学、多学科地球科学、生物多样性保护学、自然地理、造纸和木材材料科学、农艺学、遥感。

高频关键词 TOP10高频关键词依次是climate change、boreal forest、wetlands、forest management、remote sensing、biodiversity、Canada、black spruce、biomass、disturbance。

国土人口	国土面积（万平方千米）	998.467	人口（亿人）	0.3789
林业概况	森林面积（千公顷）	347069	人均森林面积（千公顷）	9.74343
	森林覆盖率（%）	39.962579	森林立木蓄积（百万立方米）	2435.977704
	天然林面积（千公顷）	331285	人工林面积（千公顷）	15784

年度趋势

合作国家和地区

2010年合作国家（地区）论文量（篇）		2019年合作国家（地区）论文量（篇）	
美国	272	美国	433
中国	78	中国	356
法国	58	英国	115
德国	46	法国	101
英国	42	德国	98
澳大利亚	34	巴西	73
瑞典	24	澳大利亚	70

TOP10机构

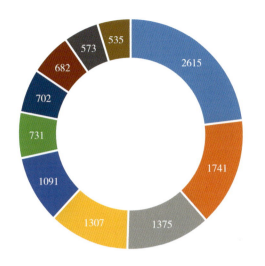

- 不列颠哥伦比亚大学（2615篇）
- 阿尔伯塔大学（1741篇）
- 加拿大自然资源部（1375篇）
- 拉瓦尔大学（1307篇）
- 多伦多大学（1091篇）
- 麦吉尔大学（731篇）
- 魁北克大学（702篇）
- 圭尔夫大学（682篇）
- 纽布伦斯威克大学（573篇）
- 萨斯喀彻温大学（535篇）

TOP10期刊

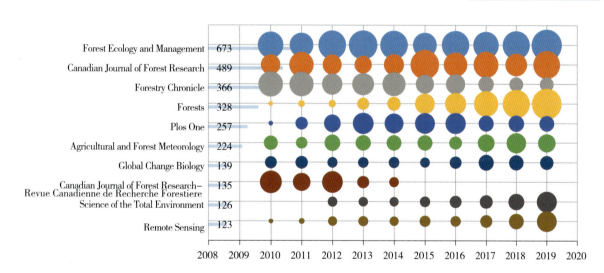

TOP10学科

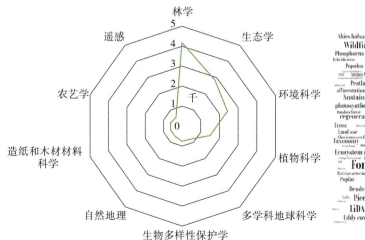

高频词云

第4章　林业科学主要国家分析　41

4.7 英国

科学产出 英国共参与发表SCI论文16228篇，论文数量从2010年的1258篇增加至2019年的1956篇。

国际合作 与英国合作最多的10个国家（地区）依次是美国、德国、法国、中国、澳大利亚、西班牙、巴西、意大利、荷兰。

科研机构 发文量最多的10个机构依次是牛津大学、剑桥大学、爱丁堡大学、利兹大学、英国皇家植物园、埃克塞特大学、伦敦大学学院、谢菲尔德大学、阿伯丁大学、英国国家自然博物馆。

发文期刊 发文量TOP10期刊依次是Plos One、Forest Ecology and Management、Biological Conservation、Agricultural and Forest Meteorology、Global Change Biology、Science of the Total Environment、New Phytologist、Scientific Reports、Ecology and Evolution、Biodiversity and Conservation。

优势学科 英国发文量最多TOP学科依次是生态学、环境科学、植物科学、林学、生物多样性保护学、多学科地球科学、自然地理学、进化生物学、动物学、环境研究。

高频关键词 TOP10高频关键词依次是climate change、conservation、biodiversity、deforestation、tropical forest、ecosystem services、taxonomy、forest、biomass、REDD。

国土人口	国土面积（万平方千米）	24.361	人口（亿人）	0.667968
林业概况	森林面积（千公顷）	3144	人均森林面积（千公顷）	0.049195
	森林覆盖率（%）	13.006247	森林立木蓄积（百万立方米）	652
	天然林面积（千公顷）	344	人工林面积（千公顷）	—

年度趋势

合作国家和地区

2010年合作国家（地区）	论文量（篇）	2019年合作国家（地区）	论文量（篇）
美国	200	美国	446
法国	95	中国	245
德国	94	德国	221
意大利	68	西班牙	179
中国	63	澳大利亚	177
西班牙	62	法国	168
澳大利亚	54	巴西	163

TOP10机构

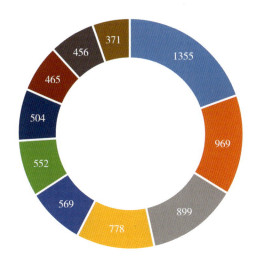

- 牛津大学（1355篇）
- 剑桥大学（969篇）
- 爱丁堡大学（899篇）
- 利兹大学（778篇）
- 英国皇家植物园（569篇）
- 埃克塞特大学（552篇）
- 伦敦大学学院（504篇）
- 谢菲尔德大学（465篇）
- 阿伯丁大学（456篇）
- 英国国家自然博物馆（371篇）

TOP10期刊

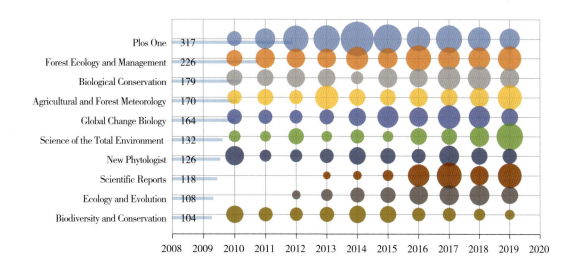

TOP10学科

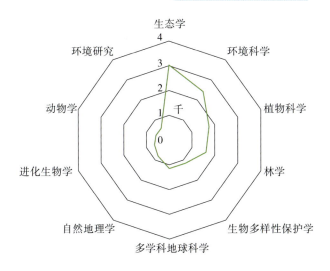

高频词云

第4章　林业科学主要国家分析　43

4.8 法国

科学产出 法国共参与发表SCI论文16228篇，论文数量从2010年的1268篇增加至2019年的1802篇。

国际合作 与法国合作最多的10个国家（地区）依次是美国、德国、英国、西班牙、意大利、瑞士、巴西、加拿大、比利时、中国。

科研机构 发文量最多的10个机构依次是法国国家农业科学研究院（INRA）、法国国家科学研究中心(CNRS)、法国国际农业研究中心（CIRAD）、波尔多大学、洛林大学、蒙彼利埃大学、图卢兹联邦大学、艾克斯－马赛大学、法国发展研究所（IRD）、蒙波利埃第二大学。

发文期刊 发文量TOP10期刊依次是Forest Ecology and Management、Plos One、Annals of Forest Science、Agricultural and Forest Meteorology、Frontiers in Plant Science、Tree Genetics & Genomes、Tree Physiology、New Phytologist、Bois et Forets des Tropiques、Science of the Total Environment。

优势学科 法国发文量最多TOP学科依次是林学、植物科学、生态学、环境科学、多学科地球科学、农艺学、自然地理学、食品科学与技术、生物多样性保护学、基因与遗传学。

高频关键词 TOP10高频关键词依次是climate change、wood、biodiversity、grapevine、drought、forest、biomass、remote sensing、taxonomy、*Vitis vinifera*。

国土人口	国土面积（万平方千米）	54.919	人口（亿人）	0.670599
林业概况	森林面积（千公顷）	16989	人均森林面积（千公顷）	0.263504
	森林覆盖率（%）	31.358904	森林立木蓄积（百万立方米）	2935
	天然林面积（千公顷）	15022	人工林面积（千公顷）	1967

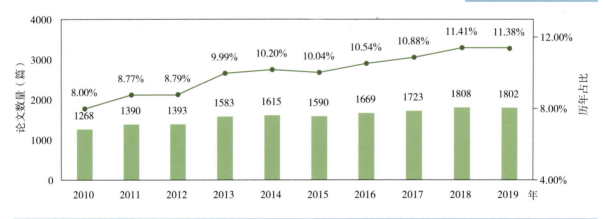

2010年合作国家（地区）论文量（篇）		2019年合作国家（地区）论文量（篇）	
美国	130	美国	288
英国	95	德国	176
德国	82	西班牙	172
西班牙	76	英国	168
意大利	70	意大利	147
加拿大	58	巴西	146
瑞士	57	瑞士	144

TOP10机构

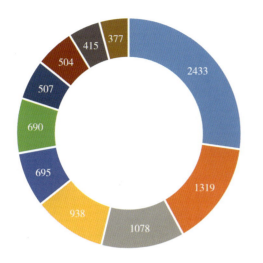

- 法国国家农业科学研究院（INRA）（2433篇）
- 法国国家科学研究中心（CNRS）（1319篇）
- 法国国际农业研究中心（CIRAD）（1078篇）
- 波尔多大学（938篇）
- 洛林大学（695篇）
- 蒙彼利埃大学（690篇）
- 图卢兹联邦大学（507篇）
- 艾克斯-马赛大学（504篇）
- 法国发展研究所（IRD）（415篇）
- 蒙波利埃第二大学（377篇）

TOP10期刊

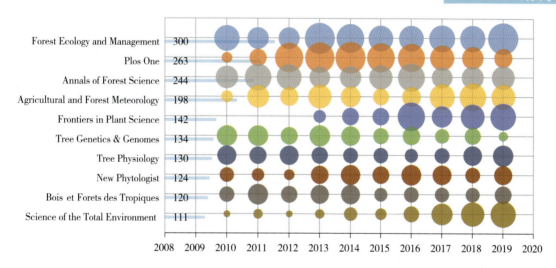

期刊	数量
Forest Ecology and Management	300
Plos One	263
Annals of Forest Science	244
Agricultural and Forest Meteorology	198
Frontiers in Plant Science	142
Tree Genetics & Genomes	134
Tree Physiology	130
New Phytologist	124
Bois et Forets des Tropiques	120
Science of the Total Environment	111

TOP10学科　　高频词云

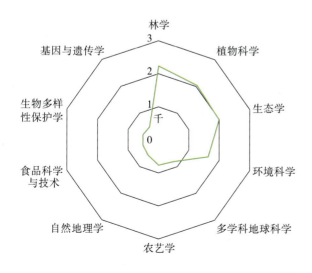

第4章　林业科学主要国家分析

4.9 澳大利亚

科学产出 澳大利亚共参与发表SCI论文14904篇，论文数量从2010年的1084篇增加至2019年的1879篇。

国际合作 与澳大利亚合作最多的10个国家（地区）依次是美国、中国、英国、德国、加拿大、法国、新西兰、巴西、西班牙、荷兰。

科研机构 发文量最多的10个机构依次是墨尔本大学、昆士兰大学、澳大利亚国立大学、西澳大利亚大学、塔斯马尼亚大学、詹姆斯·库克大学、阿德莱德大学、悉尼大学、格里菲斯大学、蒙纳士大学。

发文期刊 发文量TOP10期刊依次是Forest Ecology and Management、Plos One、Austral Ecology、Agricultural and Forest Meteorology、Australian Forestry、Australian Journal of Botany、International Journal of Wildland Fire、Biological Conservation、Tree Physiology、Global Change Biology。

优势学科 澳大利亚发文量最多TOP学科依次是生态学、林学、环境科学、植物科学、生物多样性保护学、动物学、农艺学、多学科科学、水资源研究、自然地理学。

高频关键词 TOP10高频关键词依次是climate change、Australia、*Eucalyptus*、biodiversity、conservation、fire、*Mangrove*、wetlands、drought、deforestation。

国土人口	国土面积（万平方千米）	774.122	人口（亿人）	0.2544
林业概况	森林面积（千公顷）	124751	人均森林面积（千公顷）	5.239098
	森林覆盖率（%）	24.117239	森林立木蓄积（百万立方米）	—
	天然林面积（千公顷）	122734	人工林面积（千公顷）	2017

年度趋势

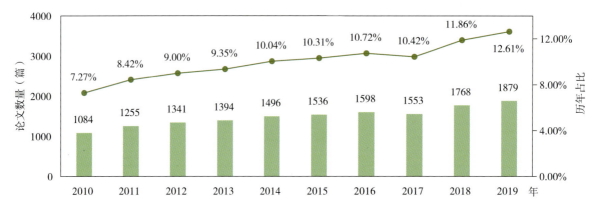

合作国家和地区

2010年合作国家（地区）论文量（篇）		2019年合作国家（地区）论文量（篇）	
美国	132	美国	327
英国	54	中国	306
中国	51	英国	177
德国	40	德国	141
新西兰	37	法国	101
加拿大	34	西班牙	78
法国	32	巴西	74

TOP10机构

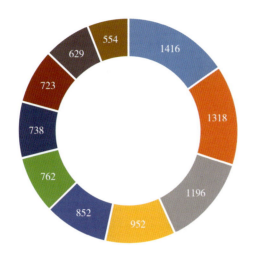

- 墨尔本大学（1416篇）
- 昆士兰大学（1318篇）
- 澳大利亚国立大学（1196篇）
- 西澳大利亚大学（952篇）
- 塔斯马尼亚大学（852篇）
- 詹姆斯·库克大学（762篇）
- 阿德莱德大学（738篇）
- 悉尼大学（723篇）
- 格里菲斯大学（629篇）
- 蒙纳士大学（554篇）

TOP10期刊

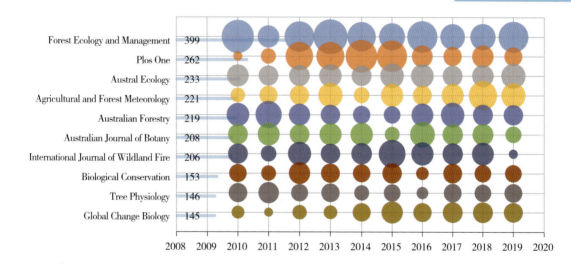

TOP10学科

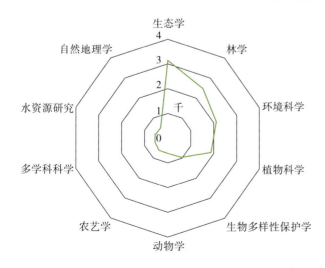

高频词云

第4章　林业科学主要国家分析　47

4.10 意大利

科学产出 意大利共参与发表SCI论文14760篇，论文数量从2010年的1043篇增加至2019年的1933篇。

国际合作 与意大利合作最多的10个国家（地区）依次是美国、西班牙、法国、德国、英国、瑞士、荷兰、奥地利、瑞典、比利时。

科研机构 发文量最多的10个机构依次是意大利国家研究委员会（CNR）、帕多瓦大学、佛罗伦萨大学、博洛尼亚大学、比萨大学、图西亚大学、米兰大学、都灵大学、罗马大学、那不勒斯费德里克二世大学。

发文期刊 发文量TOP10期刊依次是Forest Ecology and Management、Iforest–Biogeosciences and Forestry、Plant Biosystems、Food Chemistry、Plos One、Scientia Horticulturae、Forests、Science of the Total Environment、Agricultural and Forest Meteorology、Frontiers in Plant Science。

优势学科 意大利发文量最多TOP学科依次是植物科学、林学、环境科学、食品科学与技术、生态学、农艺学、应用化学、园艺学、生物技术与应用微生物学、生物化学与分子生物学。

高频关键词 TOP10高频关键词依次是climate change、olive oil、grapevine、Italy、polyphenols、biomass、biodiversity、antioxidant activity、extra virgin、taxonomy。

国土人口	国土面积（万平方千米）	30.134	人口（亿人）	0.604313
林业概况	森林面积（千公顷）	9297	人均森林面积（千公顷）	0.151734
	森林覆盖率（%）	33.683562	森林立木蓄积（百万立方米）	1385
	天然林面积（千公顷）	8658	人工林面积（千公顷）	639

年度趋势

合作国家和地区

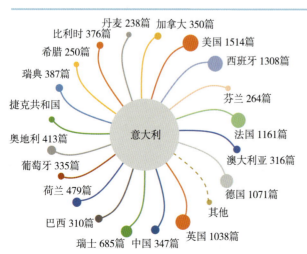

2010年合作国家（地区）论文量（篇）		2019年合作国家（地区）论文量（篇）	
美国	100	美国	195
西班牙	75	西班牙	192
法国	70	法国	147
英国	68	德国	139
德国	59	英国	131
瑞士	46	瑞士	88
荷兰	36	荷兰	66

TOP10机构

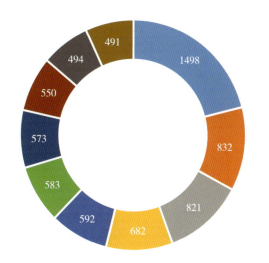

- 意大利国家研究委员会（CNR）（1498篇）
- 帕多瓦大学（832篇）
- 佛罗伦萨大学（821篇）
- 博洛尼亚大学（682篇）
- 比萨大学（592篇）
- 图西亚大学（583篇）
- 米兰大学（573篇）
- 都灵大学（550篇）
- 罗马大学（494篇）
- 那不勒斯费德里克二世大学（491篇）

TOP10期刊

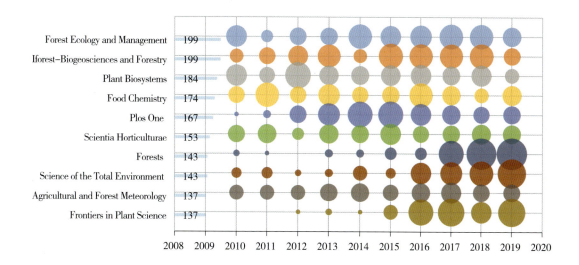

TOP10学科

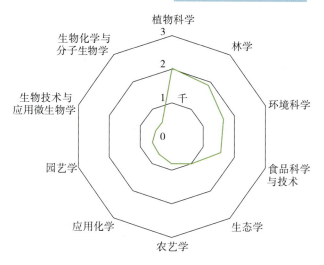

高频词云

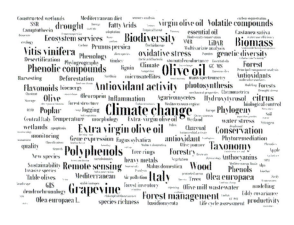

第 4 章　林业科学主要国家分析　49

4.11 印度

科学产出 印度共参与发表SCI论文13708篇，论文数量从2010年的1051篇增加至2019年的1620篇。

国际合作 与印度合作最多的10个国家（地区）依次是美国、中国、英国、德国、韩国、法国、沙特阿拉伯、澳大利亚、马来西亚、加拿大。

科研机构 发文量最多的10个机构依次是印度理工学院、印度科学与工业研究理事会、印度科技学院、印度国立理工学院、印度加尔各答大学、印度德里大学、印度农业研究所、贝拿勒斯印度教大学、印度安那大学、印度安那马来大学。

发文期刊 发文量TOP10期刊依次是Current Science、Indian Journal of Agricultural Sciences、Tropical Ecology、Indian Journal of Horticulture、Journal of Forestry Research、Environmental Monitoring and Assessment、Journal of Food Science and Technology–Mysore、Indian Journal of Geo–Marine Sciences、Range Management and Agroforestry、Plos One。

优势学科 印度发文量最多TOP学科依次是环境科学与生态学、农学、工程学、化学、植物科学、科学与技术、林学、材料科学、生物技术与应用微生物学、食品科学与技术。

高频关键词 TOP10高频关键词依次是India、biodiesel、adsorption、antioxidant、mangroves、*Jatropha curcas*、taxonomy、biomass、conservation。

国土人口	国土面积（万平方千米）	298	人口（亿人）	13.9
林业概况	森林面积（千公顷）	70682.00	人均森林面积（千公顷）	0.054075
	森林覆盖率（%）	24.107505	森林立木蓄积（百万立方米）	5167
	天然林面积（千公顷）	58651	人工林面积（千公顷）	12031

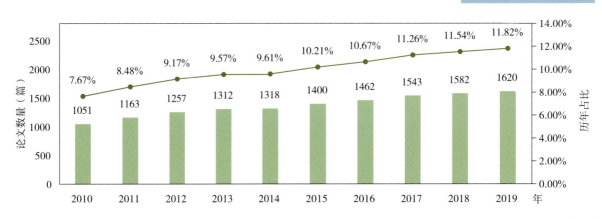

年度趋势

合作国家和地区

2010年合作国家（地区）	论文量（篇）	2019年合作国家（地区）	论文量（篇）
美国	47	美国	102
韩国	15	中国	65
英国	14	德国	34
德国	12	沙特阿拉伯	34
中国	11	韩国	34
法国	11	英国	32
马来西亚	11	澳大利亚	29

TOP10机构

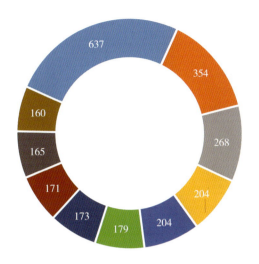

- 印度理工学院（637篇）
- 印度科学与工业研究理事会（354篇）
- 印度科技学院（268篇）
- 印度国立理工学院（204篇）
- 印度加尔各答大学（204篇）
- 印度德里大学（179篇）
- 印度农业研究所（173篇）
- 贝拿勒斯印度教大学（171篇）
- 印度安那大学（165篇）
- 印度安那马来大学（160篇）

TOP10期刊

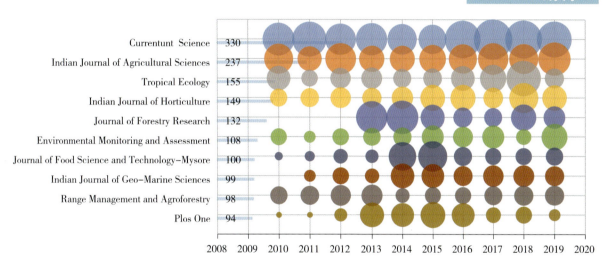

TOP10学科

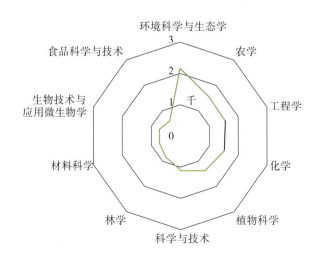

高频词云

第4章 林业科学主要国家分析

4.12 日本

科学产出 日本共参与发表SCI论文13483篇，论文数量从2010年的1285篇增加至2019年的1431篇。

国际合作 与日本合作最多的10个国家（地区）依次是中国、美国、马来西亚、印度尼西亚、韩国、泰国、英国、德国、法国、澳大利亚。

科研机构 发文量最多的10个机构依次是日本京都大学、日本森林综合研究所、日本东京大学、日本北海道大学、日本九州大学、日本名古屋大学、日本筑波大学、日本东京农工大学、日本东北大学、中国科学院。

发文期刊 发文量TOP10期刊依次是Journal of Wood Science、Journal of Forest Research、Mokuzai Gakkaishi、Ecological Research、Journal of The Faculty of Agriculture Kyushu University、Forest Ecology and Management、Plos One、Holzforschung、Agricultural and Forest Meteorology、Scientific Reports。

优势学科 日本发文量最多TOP学科依次是林学、环境科学与生态学、材料科学、植物科学、农业、化学、工程学、生物化学与分子生物学、食品科学与技术、生物技术与应用微生物学。

高频关键词 TOP10高频关键词依次是taxonomy、Diels–Alder reaction、*Cryptomeria japonica*、lignin、climate change、Japan、citrus、biomass、wood、forest。

国土人口	国土面积（万平方千米）	37.8	人口（亿人）	1.26
林业概况	森林面积（千公顷）	24958	人均森林面积（千公顷）	0.198256
	森林覆盖率（%）	68.471879	森林立木蓄积（百万立方米）	5094
	天然林面积（千公顷）	14688	人工林面积（千公顷）	10270

年度趋势

年	2010	2011	2012	2013	2014	2015	2016	2017	2018	2019
论文数量（篇）	1285	1213	1325	1333	1273	1326	1394	1421	1482	1431
历年占比	9.53%	9.00%	9.83%	9.89%	9.44%	9.83%	10.34%	10.54%	10.99%	10.61%

合作国家和地区

2010年合作国家（地区）	论文量（篇）	2019年合作国家（地区）	论文量（篇）
美国	158	中国	392
中国	121	美国	324
马来西亚	41	印度尼西亚	89
印度尼西亚	38	马来西亚	89
韩国	53	韩国	90
泰国	48	英国	93
法国	49	德国	63

TOP10机构

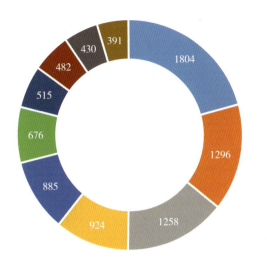

- 日本京都大学（1804篇）
- 日本森林综合研究所（1296篇）
- 日本东京大学（1258篇）
- 日本北海道大学（924篇）
- 日本九州大学（885篇）
- 日本名古屋大学（676篇）
- 日本筑波大学（515篇）
- 日本东京农工大学（482篇）
- 日本东北大学（430篇）
- 中国科学院（391篇）

TOP10期刊

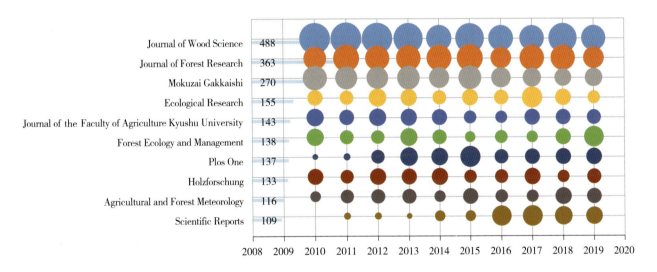

期刊	数量
Journal of Wood Science	488
Journal of Forest Research	363
Mokuzai Gakkaishi	270
Ecological Research	155
Journal of the Faculty of Agriculture Kyushu University	143
Forest Ecology and Management	138
Plos One	137
Holzforschung	133
Agricultural and Forest Meteorology	116
Scientific Reports	109

TOP10学科

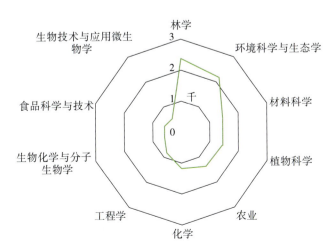

林学、环境科学与生态学、材料科学、植物科学、农业、化学、工程学、生物化学与分子生物学、食品科学与技术、生物技术与应用微生物学

高频词云

Biodiversity, Phylogenetic tree, Japan, Forest, REDD, Conservation, Camellia sinensis, Climate change, Wood, morphology, Nitrogen, Radiocesium, Orchidaceae, Diels Alder reaction, Deforestation, New species, Phylogeny, Charcoal, Taxonomy, Woody biomass, Cellulose, genetic diversity, Wetland, Microsatellite, lignin, Biomass, Mangrove, photosynthesis, Adsorption, citrus, Phenology, Japanese cedar, Cryptomeria japonica, Bamboo, Forest management

第 4 章 林业科学主要国家分析

4.13 韩国

科学产出 韩国共参与发表SCI论文1816篇，论文数量从2010年的561篇增加至2019年的999篇。

国际合作 与韩国合作最多10个国家（地区）依次是美国、中国、日本、印度、加拿大、德国、澳大利亚、越南、英国。

科研机构 发文量最多的10个机构依次是韩国首尔国立大学、韩国大学、韩国国立江原大学、韩国庆熙大学、韩国全南国立大学、韩国森林资源研究所、韩国庆北国立大学、韩国成均馆大学、韩国忠南国立大学、韩国全北国立大学。

发文期刊 发文量TOP10期刊依次是Food Science and Biotechnology、Korean Journal of Horticultural Science & Technology、International Journal of Systematic and Evolutionary Microbiology、Forests、Mitochondrial DNA Part B–Resources、Bioresource Technology、Molecules、Journal of Ethnopharmacology、Fish & Shellfish Immunology、Horticulture Environment and Biotechnology。

优势学科 韩国发文量最多TOP学科依次是化学、工程学、农学、环境科学与生态学、食品科技与技术、药理学与药学、植物科学、材料科学、林学、生物化学与分子生物学。

高频关键词 TOP10高频关键词依次是 *Olive flounder*、antioxidant、antioxidant activity、apoptosis、charcoal、biomass、*Paralichthys olivaceus*、climate change、taxonomy、phylogenetic tree。

国土人口	国土面积（万平方千米）	10.33	人口（亿人）	0.52
林业概况	森林面积（千公顷）	6184	人均森林面积（千公顷）	0.125889
	森林覆盖率（%）	63.686921	森林立木蓄积（百万立方米）	918
	天然林面积（千公顷）	4318	人工林面积（千公顷）	1866

年度趋势

合作国家和地区

2010年合作国家（地区）	论文量（篇）	2019年合作国家（地区）	论文量（篇）
美国	49	美国	108
日本	30	中国	88
中国	19	日本	44
印度	15	德国	35
加拿大	7	印度	34
澳大利亚	6	越南	25
德国	5	澳大利亚	21

TOP10 机构

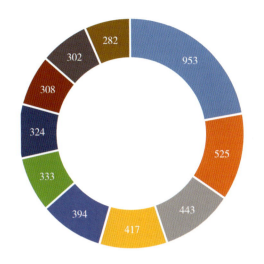

- 韩国首尔国立大学（953篇）
- 韩国大学（525篇）
- 韩国国立江原大学（443篇）
- 韩国庆熙大学（417篇）
- 韩国全南国立大学（394篇）
- 韩国森林资源研究所（333篇）
- 韩国庆北国立大学（324篇）
- 韩国成均馆大学（308篇）
- 韩国忠南国立大学（302篇）
- 韩国全北国立大学（282篇W）

TOP10 期刊

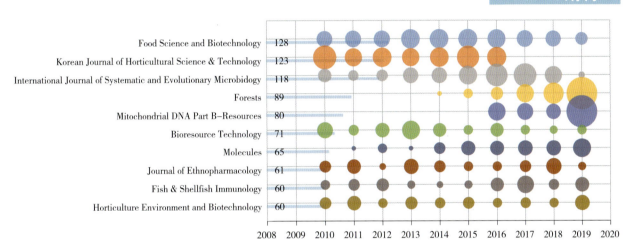

期刊	篇数
Food Science and Biotechnology	128
Korean Journal of Horticultural Science & Technology	123
International Journal of Systematic and Evolutionary Microbidogy	118
Forests	89
Mitochondrial DNA Part B-Resources	80
Bioresource Technology	71
Molecules	65
Journal of Ethnopharmacology	61
Fish & Shellfish Immunology	60
Horticulture Environment and Biotechnology	60

TOP10 学科

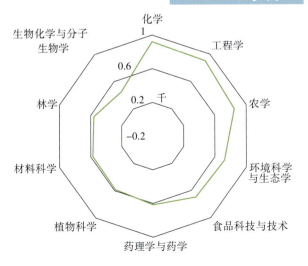

高频词云

第 4 章　林业科学主要国家分析

4.14 瑞典

科学产出 瑞典共参与发表SCI论文7775篇，论文数量从2010年的589篇增加至2019年的904篇。

国际合作 与瑞典合作最多的10个国家（地区）依次是美国、德国、英国、芬兰、法国、挪威、西班牙、加拿大、中国、瑞士。

科研机构 发文量最多的10个机构依次是瑞典大学农业科学、瑞典隆德大学、瑞典于默奥大学、瑞典斯德哥尔摩大学、瑞典乌普萨拉大学、瑞典哥德堡大学、瑞典卢利理工大学、瑞典农业科学院、芬兰赫尔辛基大学、瑞典皇家理工学院。

发文期刊 发文量TOP10期刊依次是Forest Ecology and Management、Scandinavian Journal of Forest Research、Forests、Bioresources、Holzforschung、Plos One、Forest Policy and Economics、Silva Fennica、New Phytologist、Biomass & Bioenergy。

优势学科 瑞典发文量最多TOP学科依次是环境科学与生态学、林学、植物科学、材料科学、工程学、农业学、能源与燃料科学、地质学、生物多样性与保护学、化学。

高频关键词 TOP10高频关键词依次是climate change、biodiversity、boreal forest、*Picea abies*、forestry、Sweden、biomass、forest management、Norway spruce、wood。

国土人口	国土面积（万平方千米）	45.030	人口（亿人）	0.10
林业概况	森林面积（千公顷）	28073	人均森林面积（千公顷）	2.914319
	森林覆盖率（%）	72.724211	森林立木蓄积（百万立方米）	2988.5
	天然林面积（千公顷）	14336	人工林面积（千公顷）	13737

年度趋势

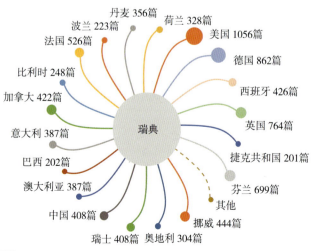

合作国家和地区

2010年合作国家（地区）论文量（篇）		2019年合作国家（地区）论文量（篇）	
美国	65	美国	143
英国	45	德国	135
芬兰	42	英国	118
德国	34	芬兰	92
法国	27	法国	87
挪威	27	中国	80
荷兰	25	西班牙	76

TOP10机构

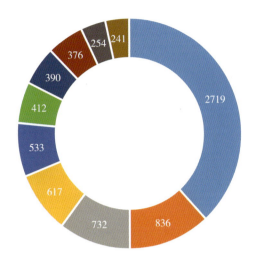

- 瑞典大学农业科学（2719篇）
- 瑞典隆德大学（836篇）
- 瑞典于默奥大学（732篇）
- 瑞典斯德哥尔摩大学（617篇）
- 瑞典乌普萨拉大学（533篇）
- 瑞典哥德堡大学（412篇）
- 瑞典卢利理工大学（390篇）
- 瑞典农业科学院（376篇）
- 芬兰赫尔辛基大学（254篇）
- 瑞典皇家理工学院（241篇）

TOP10期刊

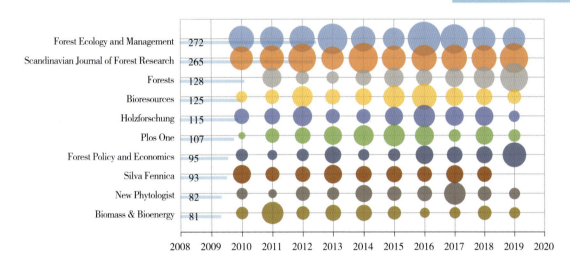

TOP10学科

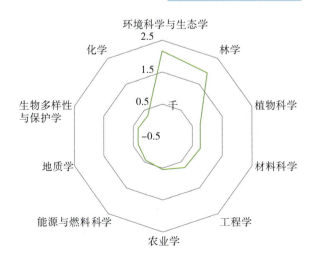

高频词云

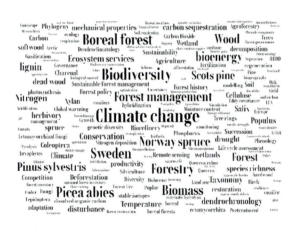

第 4 章　林业科学主要国家分析

4.15 波兰

科学产出 波兰共参与发表SCI论文7681篇,论文数量从2010年的482篇增加至2019年的1106篇。

国际合作 与波兰合作最多的10个国家(地区)依次是德国、美国、英国、捷克共和国、法国、西班牙、意大利、瑞典、瑞士、荷兰。

科研机构 发文量最多的10个机构依次是波兰科学院、波兰波兹南生命科学大学、波兰华沙生命科学大学、波兰波兹南密茨凯维奇大学、波兰克拉科夫农业大学、波兰格但斯克大学、波兰雅盖隆大学、波兰华沙大学、波兰华沙中央农村经济学院、波兰弗罗茨瓦夫大学。

发文期刊 发文量TOP10期刊依次是Sylwan、Drewno、Dendrobiology、Acta Scientiarum Polonorum-Hortorum Cultus、Forest Ecology and Management、Polish Journal of Environmental Studies、Forests、Polish Journal of Ecology、Bioresources、Wood Research。

优势学科 波兰发文量最多TOP学科依次是林学、环境科学与生态学、植物科学、材料科学、农学、化学、工程学、动物学、数学、地质学。

高频关键词 TOP10高频关键词依次是Poland、taxonomy、scots pine、biodiversity、*Pinus sylvestris*、forest、heavy metals、wood、climate change、soil。

国土人口	国土面积(万平方千米)	32.27	人口(亿人)	0.38
林业概况	森林面积(千公顷)	9435	人均森林面积(千公顷)	0.24615
	森林覆盖率(%)	30.811182	森林立木蓄积(百万立方米)	2540
	天然林面积(千公顷)	478	人工林面积(千公顷)	8957

2010年合作国家(地区)	论文量(篇)	2019年合作国家(地区)	论文量(篇)
美国	21	德国	76
英国	20	美国	68
德国	15	捷克共和国	67
捷克共和国	12	英国	53
法国	10	法国	48
西班牙	9	西班牙	48
荷兰	8	瑞典	47

TOP10 机构

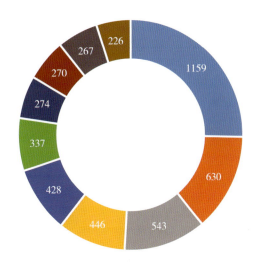

- 波兰科学院（1159篇）
- 波兰波兹南生命科学大学（630篇）
- 波兰华沙生命科学大学（543篇）
- 波兰波兹南密茨凯维奇大学（446篇）
- 波兰克拉科夫农业大学（428篇）
- 波兰格但斯克大学（337篇）
- 波兰雅盖隆大学（274篇）
- 波兰华沙大学（270篇）
- 波兰华沙中央农村经济学院（267篇）
- 波兰弗罗茨瓦夫大学（226篇）

TOP10 期刊

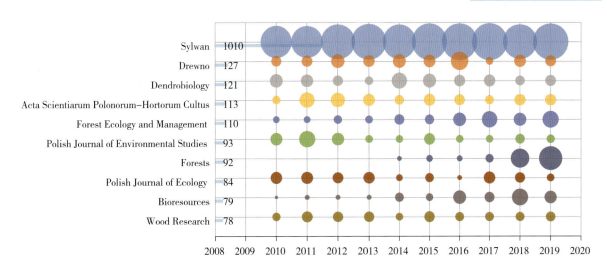

TOP10 学科

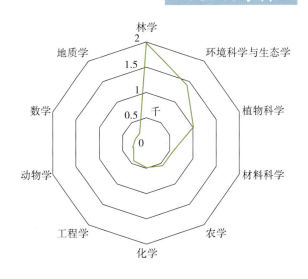

高频词云

第 4 章　林业科学主要国家分析

4.16 墨西哥

科学产出 墨西哥共参与发表SCI论文7087篇，论文数量从2010年的416篇增加至2019年的980篇。

国际合作 与墨西哥合作最多的10个国家（地区）依次是美国、西班牙、巴西、英国、加拿大、德国、法国、哥伦比亚、荷兰、澳大利亚。

科研机构 发文量最多的10个机构依次是墨西哥国立自治大学、墨西哥生态研究所、墨西哥研究生院、墨西哥国立理工学院、墨西哥韦拉克鲁斯大学、墨西哥瓜达拉哈拉大学、墨西哥米却肯大学、墨西哥查平戈自治大学、墨西哥新莱昂自治大学、墨西哥杜兰戈州华雷斯自治大学。

发文期刊 发文量TOP10期刊依次是Revista Mexicana de Biodiversidad、Revista Chapingo Serie Ciencias Forestales y del Ambiente、Madera y Bosques、Botanical Sciences、Agrociencia、Revista de Biologia Tropical、Phytotaxa、Plos One、Acta Botanica Mexicana、Forest Ecology and Management。

优势学科 墨西哥发文量最多TOP学科依次是环境科学与生态学、林学、植物科学、农学、生物多样性与保护、动物学、工程学、昆虫学、化学、食品与科技。

高频关键词 TOP10高频关键词依次是Mexico、conservation、taxonomy、tropical dry forest、climate change、biodiversity、cloud forest、diversity、species richness、*Quercus*。

国土人口	国土面积（万平方千米）	196.44	人口（亿人）	1.26
林业概况	森林面积（千公顷）	66040	人均森林面积（千公顷）	0.549947
	森林覆盖率（%）	37.806274	森林立木蓄积（百万立方米）	4726.93
	天然林面积（千公顷）	65953	人工林面积（千公顷）	87

年度趋势

合作国家和地区

2010年合作国家（地区）论文量（篇）		2019年合作国家（地区）论文量（篇）	
美国	71	美国	161
西班牙	38	西班牙	79
德国	15	巴西	56
荷兰	13	哥伦比亚	28
英国	13	德国	25
加拿大	10	法国	24
法国	10	英国	24

TOP10机构

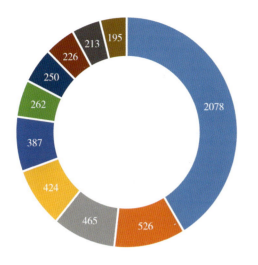

- 墨西哥国立自治大学（2078篇）
- 墨西哥生态研究所（526篇）
- 墨西哥研究生院（465篇）
- 墨西哥国立理工学院（424篇）
- 墨西哥韦拉克鲁斯大学（387篇）
- 墨西哥瓜达拉哈拉大学（262篇）
- 墨西哥米却肯大学（250篇）
- 墨西哥查平戈自治大学（226篇）
- 墨西哥新莱昂自治大学（213篇）
- 墨西哥杜兰戈州华雷斯自治大学（195篇）

TOP10期刊

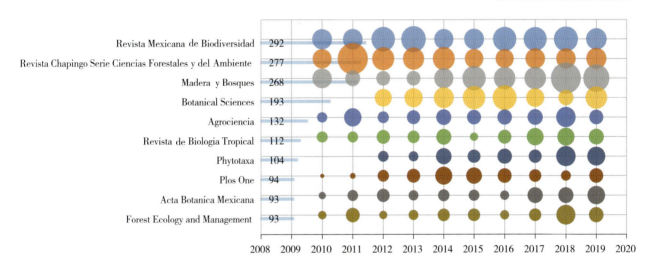

期刊	篇数
Revista Mexicana de Biodiversidad	292
Revista Chapingo Serie Ciencias Forestales y del Ambiente	277
Madera y Bosques	268
Botanical Sciences	193
Agrociencia	132
Revista de Biologia Tropical	112
Phytotaxa	104
Plos One	94
Acta Botanica Mexicana	93
Forest Ecology and Management	93

TOP10学科

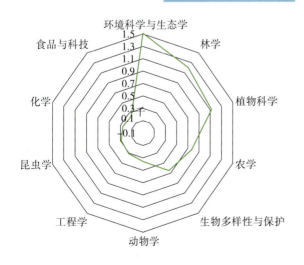

高频词云

第4章 林业科学主要国家分析

4.17 土耳其

科学产出 土耳其共参与发表SCI论文6556篇，论文数量从2010年的658篇增加至2019年的844篇。

国际合作 与土耳其合作最多的10个国家（地区）依次是美国、意大利、西班牙、英国、德国、法国、沙特阿拉伯、伊朗、希腊、瑞士。

科研机构 发文量最多的10个机构依次是土耳其伊斯坦布尔大学、土耳其卡拉德尼兹技术大学、哈萨克斯坦苏莱曼·德米雷尔大学、土耳其阿塔图尔克大学、土耳其库库罗瓦大学、土耳其爱琴海大学、土耳其安卡拉大学、土耳其杜兹大学、土耳其巴廷大学、土耳其塞尔丘克大学。

发文期刊 发文量TOP10期刊依次是Turkish Journal of Agriculture and Forestry、Fresenius Environmental Bulletin、Bioresources、Applied Ecology and Environmental Research、Wood Research、Journal of Environmental Biology、Erwerbs-Obstbau、Maderas-Ciencia y Tecnologia、African Journal of Biotechnology、African Journal of Agricultural Research。

优势学科 土耳其发文量最多TOP学科依次是农学、环境科学与生态学、林学、材料科学、食品科学与技术、工程学、化学、植物科学、生物技术与应用微生物学、生物化学与分子生物学、昆虫学。

高频关键词 TOP10高频关键词依次是Turkey、mechanical properties、olive oil、antioxidant activity、antioxidant、wood、heat treatment、phenolic compounds、olive、surface roughness。

国土人口	国土面积（万平方千米）	78.36	人口（亿人）	0.83
林业概况	森林面积（千公顷）	11715	人均森林面积（千公顷）	0.151989
	森林覆盖率（%）	17.528766	森林立木蓄积（百万立方米）	1506
	天然林面积（千公顷）	8329	人工林面积（千公顷）	3386

TOP10机构

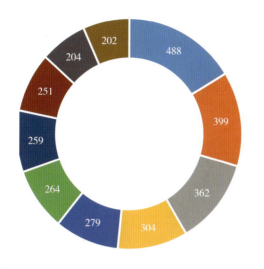

- 土耳其伊斯坦布尔大学（488篇）
- 土耳其卡拉德尼兹技术大学（399篇）
- 哈萨克斯坦苏莱曼·德米雷尔大学（362篇）
- 土耳其阿塔图尔克大学（304篇）
- 土耳其库库罗瓦大学（279篇）
- 土耳其爱琴海大学（264篇）
- 土耳其安卡拉大学（259篇）
- 土耳其杜兹大学（251篇）
- 土耳其巴廷大学（204篇）
- 土耳其塞尔丘克大学（202篇）

TOP10期刊

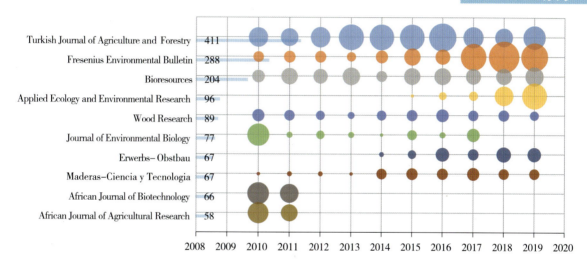

期刊	篇数
Turkish Journal of Agriculture and Forestry	411
Fresenius Environmental Bulletin	288
Bioresources	204
Applied Ecology and Environmental Research	96
Wood Research	89
Journal of Environmental Biology	77
Erwerbs-Obstbau	67
Maderas-Ciencia y Tecnologia	67
African Journal of Biotechnology	66
African Journal of Agricultural Research	58

TOP10学科

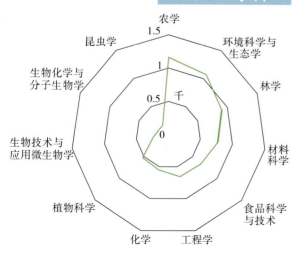

农学、环境科学与生态学、林学、材料科学、食品科学与技术、工程学、化学、植物科学、生物技术与应用微生物学、生物化学与分子生物学、昆虫学

高频词云

第4章 林业科学主要国家分析

4.18 芬兰

科学产出 芬兰共参与发表SCI论文6448篇，论文数量从2010年的521篇增加至2019年的691篇。

国际合作 与芬兰合作最多的10个国家（地区）依次是瑞典、美国、德国、英国、中国、西班牙、法国、挪威、意大利、瑞士。

科研机构 发文量最多的10个机构依次是芬兰赫尔辛基大学、东芬兰大学、芬兰森林资源研究所、芬兰阿尔托大学、芬兰图尔库大学、芬兰奥卢大学、芬兰自然资源研究所、芬兰国家资源研究所、芬兰于韦斯屈莱大学、瑞典农业科技大学。

发文期刊 发文量TOP10期刊依次是Forest Ecology and Management、Silva Fennica、Scandinavian Journal of Forest Research、Canadian Journal of Forest Research、Forest Policy and Economics、Holzforschung、Forests、Agricultural and Forest Meteorology、Tree Physiology、Atmospheric Chemistry and Physics。

优势学科 芬兰发文量最多TOP学科依次是林学、环境科学与生态学、材料科学、农学、植物科学、工程学、能源与燃料、遥感、气象与大气科学、化学。

高频关键词 TOP10高频关键词依次是climate change、*Picea abies*、boreal forest、*Pinus sylvestris*、forest management、forestry、biomass、biodiversity、forest inventory、remote sensing。

国土人口	国土面积（万平方千米）	33.84	人口（亿人）	0.054
林业概况	森林面积（千公顷）	22218	人均森林面积（千公顷）	4.0836
	森林覆盖率（%）	75.088715	森林立木蓄积（百万立方米）	2319.851
	天然林面积（千公顷）	15442.5	人工林面积（千公顷）	6775.401

年度趋势

合作国家和地区

2010年合作国家（地区）	论文量（篇）	2019年合作国家（地区）	论文量（篇）
瑞典	42	瑞典	157
美国	41	美国	225
德国	38	英国	152
英国	28	德国	169
中国	21	中国	131
西班牙	20	西班牙	140
加拿大	19	法国	102

TOP10机构

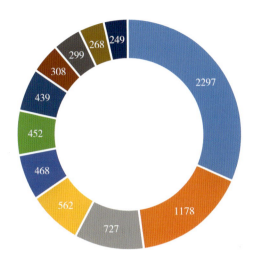

- 芬兰赫尔辛基大学（2297篇）
- 东芬兰大学（1178篇）
- 芬兰森林资源研究所（727篇）
- 芬兰阿尔托大学（562篇）
- 芬兰图尔库大学（468篇）
- 芬兰奥卢大学（452篇）
- 芬兰自然资源研究所（439篇）
- 芬兰国家资源研究所（308篇）
- 芬兰于韦斯屈莱大学（299篇）
- 瑞典农业科技大学（268篇）

TOP10期刊

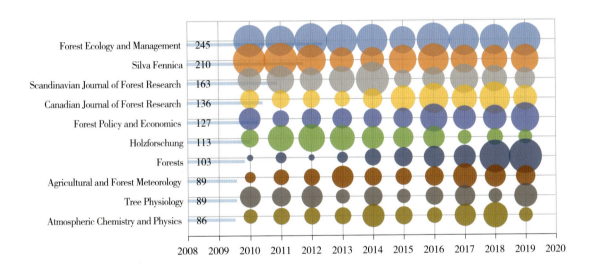

期刊	篇数
Forest Ecology and Management	245
Silva Fennica	210
Scandinavian Journal of Forest Research	163
Canadian Journal of Forest Research	136
Forest Policy and Economics	127
Holzforschung	113
Forests	103
Agricultural and Forest Meteorology	89
Tree Physiology	89
Atmospheric Chemistry and Physics	86

TOP10学科　　高频词云

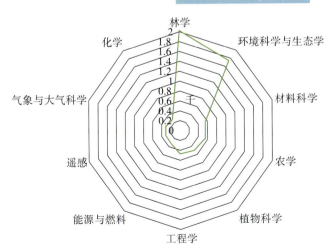

第 4 章　林业科学主要国家分析

4.19 瑞士

科学产出 瑞士共参与发表SCI论文6324篇，论文数量从2010年的475篇增加至2019年的778篇。

国际合作 与瑞士合作最多的10个国家（地区）依次是德国、美国、法国、英国、意大利、西班牙、瑞典、中国、荷兰、奥地利。

科研机构 发文量最多的10个机构依次是瑞士苏黎世联邦理工学院，瑞士苏黎世大学，瑞士伯尔尼大学，瑞士联邦研究所，瑞士联邦森林、雪与景观研究所，瑞士巴塞尔大学，瑞士日内瓦大学，瑞士洛桑联邦理工大学，瑞士洛桑大学，瑞士保罗谢尔研究所。

发文期刊 发文量TOP10期刊依次是Forest Ecology and Management、Plos One、Agricultural and Forest Meteorology、Global Change Biology、New Phytologist、Tree Physiology、Science of the Total Environment、Trees-Structure and Function、European Journal of Forest Research、Forests。

优势学科 瑞士发文量最多TOP学科依次是环境科学与生态学、林学、植物科学、农学、地质学、工程学、材料科学、生物多样性与保护、气象与大气科学。

高频关键词 TOP10高频关键词依次是climate change、biodiversity、tree rings、drought、dendrochronology、dendrogeomorphology、forest management、dendroecology、taxonomy、deforestation。

国土人口	国土面积（万平方千米）	4.13	人口（亿人）	0.86
林业概况	森林面积（千公顷）	1254	人均森林面积（千公顷）	0.160415
	森林覆盖率（%）	31.908397	森林立木蓄积（百万立方米）	442
	天然林面积（千公顷）	1082	人工林面积（千公顷）	172

年度趋势

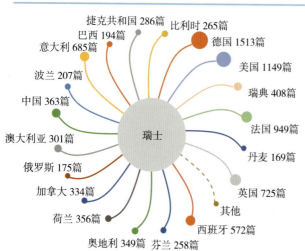

合作国家和地区

2010年合作国家（地区）	论文量（篇）	2019年合作国家（地区）	论文量（篇）
德国	100	德国	196
美国	59	美国	169
法国	57	法国	144
英国	49	英国	116
意大利	46	中国	91
西班牙	31	意大利	88
澳大利亚	21	西班牙	76

TOP10 机构

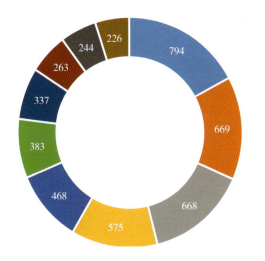

- 瑞士苏黎世联邦理工学院（794篇）
- 瑞士苏黎世大学（669篇）
- 瑞士伯尔尼大学（668篇）
- 瑞士联邦研究所（575篇）
- 瑞士联邦森林、雪与景观研究所（468篇）
- 瑞士巴塞尔大学（383篇）
- 瑞士日内瓦大学（337篇）
- 瑞士洛桑联邦理工大学（263篇）
- 瑞士洛桑大学（244篇）
- 瑞士保罗谢尔研究所（226篇）

TOP10 期刊

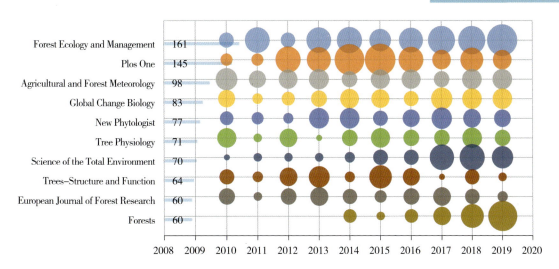

TOP10 学科

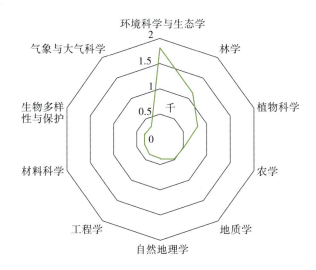

高频词云

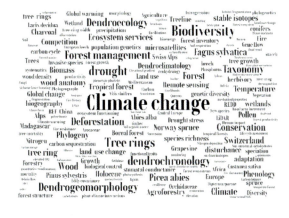

第 4 章　林业科学主要国家分析　67

4.20 伊朗

科学产出 伊朗共参与发表SCI论文5901篇，论文数量从2010年的313篇增加至2019年的888篇。

国际合作 与伊朗合作最多的10个国家（地区）依次是美国、德国、意大利、马来西亚、西班牙、澳大利亚、法国、加拿大、中国、英国。

科研机构 发文量最多的10个机构依次是伊朗伊斯兰阿扎德大学，伊朗德黑兰大学，伊朗塔比阿特莫达勒斯大学，伊朗设拉子大学，伊朗伊斯法罕理工大学，伊朗桂兰大学，伊朗马什哈德菲尔多西大学，伊朗大不里士大学，伊朗德黑兰医科大学，伊朗农业研究、教育和推广组织。

发文期刊 发文量TOP10期刊依次是Bioresources、Scientia Horticulturae、Journal of Forestry Research、Journal of Agricultural Science and Technology、Desalination and Water Treatment、European Journal of Wood and Wood Products、Turkish Journal of Agriculture and Forestry、Environmental Monitoring and Assessment、Maderas-Ciencia y Tecnologia、Journal of Essential Oil Bearing Plants。

优势学科 伊朗发文量最多TOP学科依次是农学、工程学、环境科学与生态学、化学、林学、材料科学、植物科学、食品科学与技术、药理学与药学、计算机科学。

高频关键词 TOP10高频关键词依次是Iran、adsorption、mechanical properties、essential oil、taxonomy、antioxidant activity、olive oil、antioxidant、morphology、heavy metals。

国土人口	国土面积（万平方千米）	164.5	人口（亿人）	0.82
林业概况	森林面积（千公顷）	10691.98	人均森林面积（千公顷）	0.137187
	森林覆盖率（%）	5.901325	森林立木蓄积（百万立方米）	393.778
	天然林面积（千公顷）	9751	人工林面积（千公顷）	941

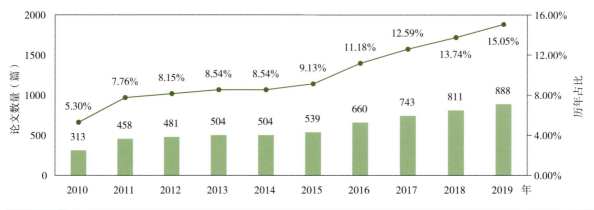

年度趋势

合作国家和地区

2010年合作国家（地区）	论文量（篇）	2019年合作国家（地区）	论文量（篇）
美国	17	美国	68
法国	10	德国	45
德国	7	中国	37
马来西亚	7	意大利	36
英国	7	西班牙	35
意大利	5	加拿大	32
加拿大	4	澳大利亚	31

TOP10机构

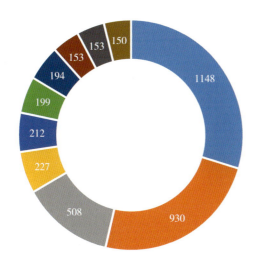

- 伊朗伊斯兰阿扎德大学（1148篇）
- 伊朗德黑兰大学（930篇）
- 伊朗塔比阿特莫达勒斯大学（508篇）
- 伊朗设拉子大学（227篇）
- 伊朗伊斯法罕理工大学（212篇）
- 伊朗桂兰大学（199篇）
- 伊朗马什哈德菲尔多西大学（194篇）
- 伊朗大不里士大学（153篇）
- 伊朗德黑兰医科大学（153篇）
- 伊朗农业研究、教育和推广组织（150篇）

TOP10期刊

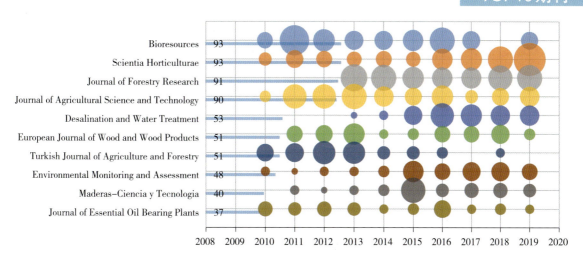

TOP10学科

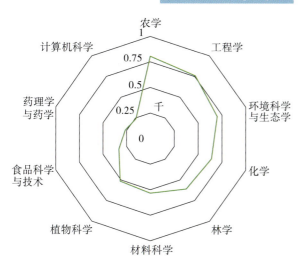

高频词云

第 4 章　林业科学主要国家分析　69

第 5 章
林业科学主要机构分析

5.1 中国科学院
Chinese Academy of Sciences

科学产出　总计发表SCI论文12101篇，发文量从2010年700篇增长至2019年的1869篇。

国际合作　合作发文量TOP10国家（地区）依次是美国、德国、英国、澳大利亚、加拿大、日本、法国、瑞士、泰国、荷兰。

合作机构　合作发文量TOP10机构依次是中国林业科学研究院、北京师范大学、北京林业大学、北京大学、西北农林科技大学、兰州大学、中山大学、南京大学、云南大学、东北林业大学。

发文期刊　发文量TOP10期刊依次是Plos One、Agricultural and Forest Meteorology、Scientific Reports、Science of the Total Environment、Forests、Forest Ecology and Management、Plant and Soil、Phytotaxa、Ecological Engineering、Remote Sensing。

优势学科　发文量TOP10学科依次是环境科学、植物科学、生态学、林学、多学科地球科学、土壤科学、气象与大气科学、农艺学、水资源学、自然地理学。

高频词汇　TOP10关键词依次是climate change、China、taxonomy、remote sensing、phylogeny、wetland、Tibetan plateau、drought、photosynthesis、forest。

所属国家	中国	成立年份	1949 年
机构性质	国家级科研机构	总发文量	12101 篇

年度趋势

合作国家和地区

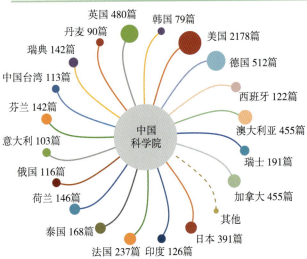

2010年合作国家（地区）	论文量（篇）	2019年合作国家（地区）	论文量（篇）
美国	110	美国	343
德国	29	澳大利亚	93
加拿大	20	加拿大	88
英国	19	英国	76
澳大利亚	17	德国	71
日本	16	日本	54
荷兰	10	法国	45
芬兰	10	瑞士	39

TOP10机构

- 中国林业科学研究院（357篇）
- 北京师范大学（301篇）
- 北京林业大学（290篇）
- 北京大学（260篇）
- 西北农林科技大学（234篇）
- 兰州大学（229篇）
- 中山大学（164篇）
- 南京大学（145篇）
- 云南大学（131篇）
- 东北林业大学（128篇）

TOP10期刊

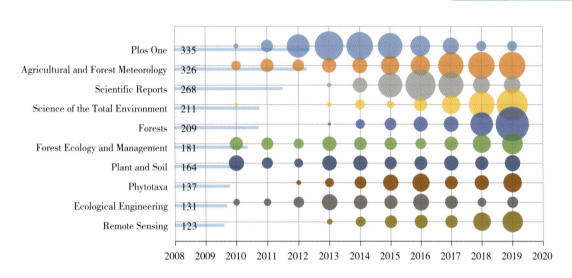

期刊	数量
Plos One	335
Agricultural and Forest Meteorology	326
Scientific Reports	268
Science of the Total Environment	211
Forests	209
Forest Ecology and Management	181
Plant and Soil	164
Phytotaxa	137
Ecological Engineering	131
Remote Sensing	123

TOP10学科

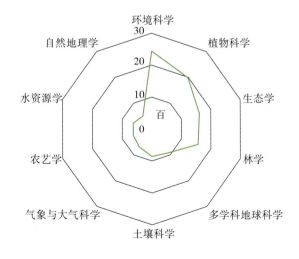

高频词云

第 5 章　林业科学主要机构分析

5.2 美国林务局
US Forest Service

科学产出 总计发表SCI论文5230篇，发文量从2010年的506篇增长至2019年的651篇。

国际合作 合作发文量TOP10国家依次是中国、加拿大、澳大利亚、巴西、德国、英国、西班牙、瑞典、芬兰。

合作机构 合作发文量TOP10机构依次是美国俄勒冈州立大学、美国明尼苏达大学、美国地质勘探局、美国科罗拉多州立大学、美国加州大学戴维斯分校、美国威斯康星大学、美国华盛顿大学、美国蒙大拿大学、美国佐治亚大学、美国爱达荷大学。

发文期刊 发文量TOP10期刊依次是Forest Ecology and Management、Forests、International Journal of Wildland Fire、Journal of Forestry、Forest Science、Canadian Journal of Forest Research、Ecosphere、Remote Sensing of Environment、Plos One、Ecological Applications。

优势学科 发文量TOP10学科依次是林学、生态学、环境科学、植物科学、生物多样性保护学、造纸和木材材料科学、昆虫学、环境研究、多学科地球科学、遥感。

高频词汇 TOP10关键词依次是climate change、forest management、wildfire、prescribed fire、disturbance、invasive species、forest inventory、LiDAR、fire、remote sensing。

所属国家	美国	成立年份	1905年
机构性质	国家级科研机构	总发文量	5230篇

年度趋势

合作国家和地区

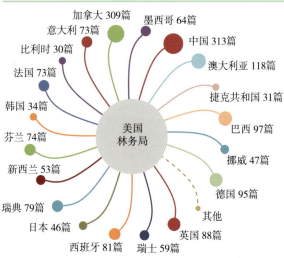

2010年合作国家（地区）	论文量（篇）	2019年合作国家（地区）	论文量（篇）
加拿大	31	中国	49
中国	26	加拿大	29
巴西	9	澳大利亚	16
澳大利亚	7	芬兰	16
英国	7	意大利	16
芬兰	7	德国	15
瑞典	6	西班牙	15
意大利	6	英国	13

TOP10机构

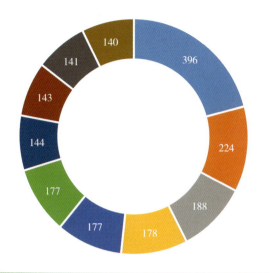

- 美国俄勒冈州立大学（396篇）
- 美国明尼苏达大学（224篇）
- 美国地质勘探局（188篇）
- 美国科罗拉多州立大学（178篇）
- 美国加州大学戴维斯分校（177篇）
- 美国威斯康星大学（177篇）
- 美国华盛顿大学（144篇）
- 美国蒙大拿大学（143篇）
- 美国佐治亚大学（141篇）
- 美国爱达荷大学（140篇）

TOP10期刊

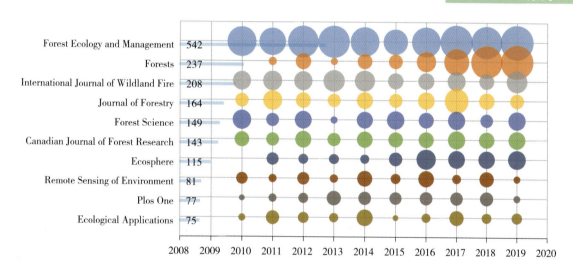

TOP10学科

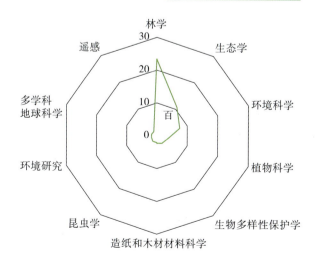

高频词云

第 5 章　林业科学主要机构分析

5.3 巴西圣保罗大学
University of São Paulo

科学产出 总计发表SCI论文3690篇，发文量从2010年的236篇增长至2019年的518篇。

国际合作 合作发文量TOP10国家依次是美国、法国、英国、西班牙、德国、澳大利亚、加拿大、荷兰、阿根廷、哥伦比亚。

合作机构 合作发文量TOP10机构依次是巴西坎皮纳斯州立大学、巴西圣保罗州立大学、巴西圣卡洛斯联邦大学、法国农业发展研究中心、巴西联邦维科萨大学、巴西米纳吉拉斯联邦大学、巴西巴拉那联邦大学、巴西里约热内卢联邦大学、巴西圣保罗联邦大学、巴西利亚大学。

发文期刊 发文量TOP10期刊依次是Scientia Forestalis、Zootaxa、Forest Ecology and Management、Revista Arvore、Plos One、Phytotaxa、Biota Neotropica、Ciencia Florestal、Cerne、Revista Brasileira de Fruticultura。

优势学科 发文量TOP10学科依次是林学、植物科学、生态学、环境科学、动物学、生物多样性保护学、昆虫学、农艺学、生物化学与分子生物学、进化生物学。

高频词汇 TOP10关键词依次是Atlantic forest、Brazil、taxonomy、tropical forest(s)、conservation、tropical forest、Cerrado、*Eucalyptus*、biodiversity、diversity。

所属国家	巴西	成立年份	1934年
机构性质	公立大学	总发文量	3690篇

TOP10机构

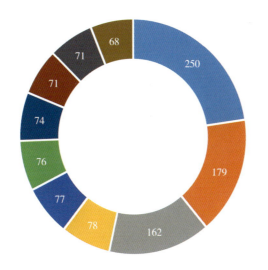

- 巴西坎皮纳斯州立大学（250篇）
- 巴西圣保罗州立大学（179篇）
- 巴西圣卡洛斯联邦大学（162篇）
- 法国农业发展研究中心（78篇）
- 巴西联邦维科萨大学（77篇）
- 巴西米纳吉拉斯联邦大学（76篇）
- 巴西巴拉那联邦大学（74篇）
- 巴西里约热内卢联邦大学（71篇）
- 巴西圣保罗联邦大学（71篇）
- 巴西利亚大学（68篇）

TOP10期刊

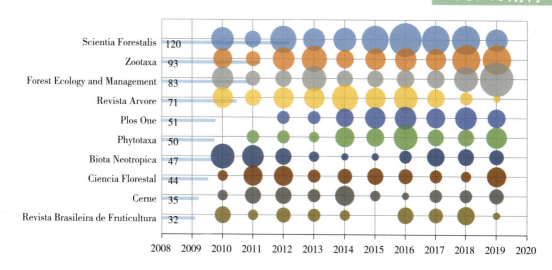

期刊	数量
Scientia Forestalis	120
Zootaxa	93
Forest Ecology and Management	83
Revista Arvore	71
Plos One	51
Phytotaxa	50
Biota Neotropica	47
Ciencia Florestal	44
Cerne	35
Revista Brasileira de Fruticultura	32

TOP10学科

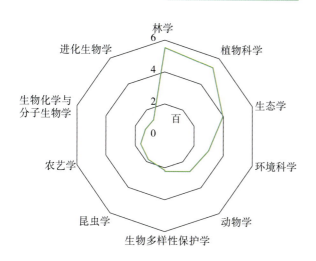

高频词云

第 5 章　林业科学主要机构分析

5.4 北京林业大学
Beijing Forestry University

科学产出 总计发表SCI论文3234篇，发文量从2010年的101篇增长至2019年的586篇。

国际合作 合作发文量TOP10国家依次是美国、加拿大、德国、澳大利亚、英国、瑞典、芬兰、日本、南非、捷克共和国。

合作机构 合作发文量TOP10机构依次是中国科学院、中国林业科学研究院、华南理工大学、南京林业大学、美国林务局、中国农业大学、德国哥廷根大学、国际竹藤中心、北京大学、国家林业和草原局。

发文期刊 发文量TOP10期刊依次是Bioresources、Forests、Plos One、Scientific Reports、Journal of Forestry Research、Phytotaxa、Industrial Crops and Products、Frontiers in Plant Science、Holzforschung、Spectroscopy and Spectral Analysis。

优势学科 发文量TOP10学科依次是林学、植物科学、造纸和木材材料科学、环境科学、生态学、生物化学与分子生物学、基因与遗传学、生物技术与应用微生物学、真菌学、农艺学。

高频词汇 TOP10关键词依次是taxonomy、phylogeny、poplar、lignin、wood-inhabiting fungi、*Populus tomentosa*、China、wood、*Populus*、*Populus euphratica*。

所属国家	中国	成立年份	1952年
机构性质	公办大学	总发文量	3234篇

年度趋势

合作国家和地区

2010年合作国家（地区）论文量（篇）		2019年合作国家（地区）论文量（篇）	
中国	101	中国	586
美国	9	美国	67
德国	5	加拿大	34
日本	5	澳大利亚	15
加拿大	4	德国	13
澳大利亚	4	瑞典	13
英国	2	巴基斯坦	12
荷兰	2	日本	7

TOP10 机构

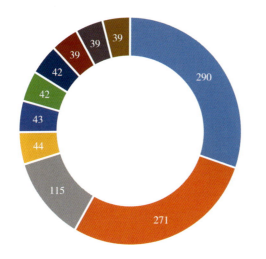

- 中国科学院（290篇）
- 中国林业科学研究院（271篇）
- 华南理工大学（115篇）
- 南京林业大学（44篇）
- 美国林务局（43篇）
- 中国农业大学（42篇）
- 德国哥廷根大学（42篇）
- 国际竹藤中心（39篇）
- 北京大学（39篇）
- 国家林业和草原局（39篇）

TOP10 期刊

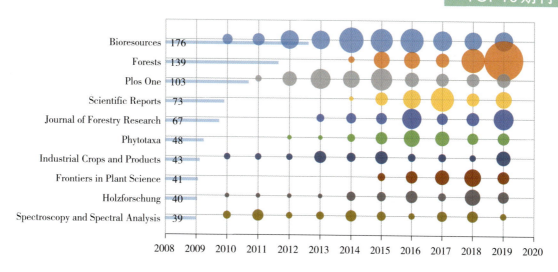

TOP10 学科

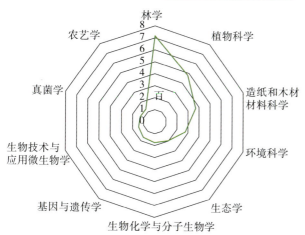

高频词云

第 5 章　林业科学主要机构分析

5.5 美国佛罗里达大学
University of Florida

科学产出 总计发表SCI论文3138篇，发文量从2010年的272篇增长至2019年的392篇。

国际合作 合作发文量TOP10国家依次是中国、巴西、英国、澳大利亚、加拿大、法国、德国、西班牙、荷兰。

合作机构 合作发文量TOP10机构依次是美国农业部农业科学研究院、美国林务局、美国史密森研究院、美国加州大学戴维斯分校、巴西圣保罗大学、中国科学院、美国杜克大学、美国地质勘探局、美国密西根州立大学、美国俄勒冈州立大学。

发文期刊 发文量TOP10期刊依次是Hortscience、Forest Ecology and Management、Forests、Plos One、Florida Entomologist、Ecology、Horttechnology、Agricultural and Forest Meteorology、Journal of Economic Entomology、Phytopathology。

优势学科 发文量TOP10学科依次是生态学、植物科学、环境科学、林学、昆虫学、园艺学、农艺学、生物多样性保护学、动物学、生物技术与应用微生物学。

高频词汇 TOP10关键词依次是citrus、Huanglongbing (HLB)、citrus greening、climate change、tropical forest(s)、wetland(s)、Asian citrus psyllid、taxonomy、phylogeny、*Diaphorina citri*。

所属国家	美国	成立年份	1905年
机构性质	公立大学	总发文量	3138篇

年度趋势

合作国家和地区

2010年合作国家（地区）	论文量（篇）	2019年合作国家（地区）	论文量（篇）
巴西	24	中国	57
加拿大	17	巴西	35
中国	13	英国	26
荷兰	9	澳大利亚	25
巴拿马	8	加拿大	17
澳大利亚	7	德国	17
法国	7	法国	15
西班牙	7	哥伦比亚	15

TOP10机构

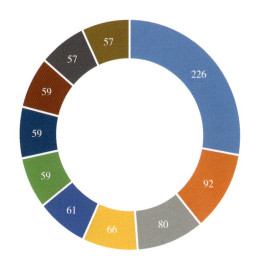

- 美国农业部农业科学研究院（226篇）
- 美国林务局（92篇）
- 美国史密森研究院（80篇）
- 美国加州大学戴维斯分校（66篇）
- 巴西圣保罗大学（61篇）
- 中国科学院（59篇）
- 美国杜克大学（59篇）
- 美国地质勘探局（59篇）
- 美国密西根州立大学（57篇）
- 美国俄勒冈州立大学（57篇）

TOP10期刊

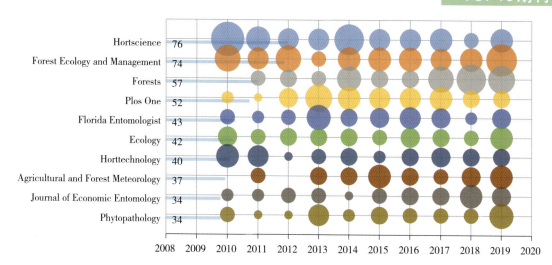

TOP10学科

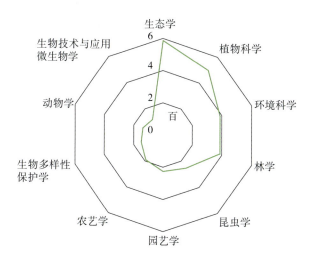

高频词云

第 5 章　林业科学主要机构分析

5.6 西班牙国家研究委员会
Spanish National Research Council

科学产出 总计发表SCI论文2989篇，发文量从2010年的289篇增长至2019年的358篇。

国际合作 合作发文量TOP10国家依次是美国、法国、德国、英国、意大利、葡萄牙、瑞士、巴西、墨西哥、澳大利亚。

合作机构 合作发文量TOP10机构依次是西班牙科尔多瓦大学、西班牙塞维利亚大学、西班牙巴塞罗那大学、西班牙格拉纳达大学、西班牙生态研究与林业应用中心、西班牙胡安卡洛斯国王大学、西班牙马德里大学、西班牙瓦拉杜利德大学、西班牙巴塞罗那自治大学、西班牙阿拉卡拉大学。

发文期刊 发文量TOP10期刊依次是Food Chemistry、Scientia Horticulturae、Agricultural Water Management、Plos One、Frontiers in Plant Science、Journal of Agricultural and Food Chemistry、Science of the Total Environment、Agricultural and Forest Meteorology、Forest Ecology and Management、Trees-Structure and Function。

优势学科 发文量TOP10学科依次是植物科学、生态学、环境科学、食品科学与技术、林学、农艺学、应用化学、土壤科学、园艺学、多学科农业。

高频词汇 TOP10关键词依次是 *Olea europaea*、climate change、drought、dendroecology、olive oil、olive、virgin olive oil、phylogeny、phenolic compounds、taxonomy。

所属国家	西班牙	成立年份	1907年
机构性质	国家级科研机构	总发文量	2989篇

年度趋势

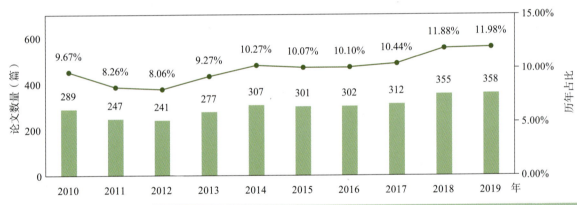

合作国家和地区

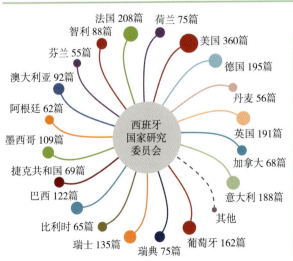

2010年合作国家（地区）	论文量（篇）	2019年合作国家（地区）	论文量（篇）
美国	23	美国	41
法国	21	意大利	36
英国	20	德国	35
葡萄牙	16	法国	32
意大利	13	英国	31
德国	11	瑞士	23
墨西哥	10	巴西	22
智利	7	葡萄牙	20

TOP10机构

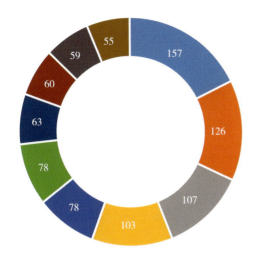

- 西班牙科尔多瓦大学（157篇）
- 西班牙塞维利亚大学（126篇）
- 西班牙巴塞罗那大学（107篇）
- 西班牙格拉纳达大学（103篇）
- 西班牙生态研究与林业应用中心（78篇）
- 西班牙胡安卡洛斯国王大学（78篇）
- 西班牙马德里大学（63篇）
- 西班牙瓦拉杜利德大学（60篇）
- 西班牙巴塞罗那自治大学（59篇）
- 西班牙阿拉卡拉大学（55篇）

TOP10期刊

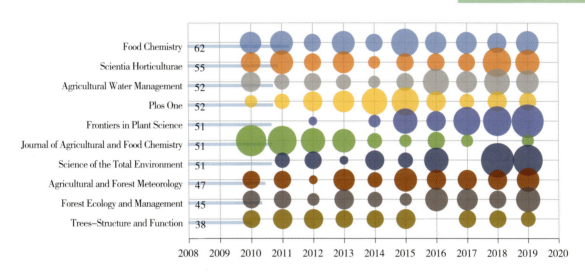

TOP10学科　　高频词云

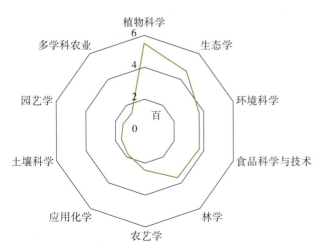

第 5 章　林业科学主要机构分析　83

5.7 瑞典农业科学大学
Swedish University of Agricultural Sciences

科学产出 总计发表SCI论文2719篇，发文量从2010年的208篇增长至2019年的299篇。

国际合作 合作发文量TOP10国家依次是美国、德国、芬兰、英国、法国、挪威、加拿大、澳大利亚、西班牙、意大利。

合作机构 合作发文量TOP10机构依次是瑞典于默奥大学、芬兰赫尔辛基大学、瑞典乌普萨拉大学、瑞典斯德哥尔摩大学、瑞典隆德大学、丹麦哥本哈根大学、比利时根特大学、挪威生命科学大学、瑞典林业研究所、瑞典哥德堡大学。

发文期刊 发文量TOP10期刊依次是Forest Ecology and Management、Scandinavian Journal of Forest Research、Forests、Forest Policy and Economics、Urban Forestry & Urban Greening、Silva Fennica、Plos One、Canadian Journal of Forest Research、New Phytologist、Ambio。

优势学科 发文量TOP10学科依次是林学、生态学、环境科学、植物科学、环境研究、生物多样性保护学、能源与燃料科学、农艺学、土壤科学、生物技术与应用微生物学。

高频词汇 TOP10关键词依次是boreal forest(s)、biodiversity、climate change、*Picea abies*、forest management、forestry、bioenergy、Sweden、*Pinus sylvestris*、Norway spruce。

所属国家	瑞典	成立年份	1977年
机构性质	公立大学	总发文量	2719篇

年度趋势

年份	2010	2011	2012	2013	2014	2015	2016	2017	2018	2019
论文数量（篇）	208	234	271	288	281	263	298	303	274	299
历年占比	7.65%	8.61%	9.97%	10.59%	10.33%	9.67%	10.96%	11.14%	10.08%	11.00%

合作国家和地区

合作国家分布：德国279篇、奥地利112篇、比利时112篇、捷克共和国76篇、美国328篇、意大利148篇、芬兰268篇、荷兰95篇、爱沙尼亚78篇、西班牙153篇、英国229篇、丹麦109篇、中国106篇、澳大利亚153篇、法国195篇、瑞士104篇、其他、加拿大177篇、波兰112篇、挪威193篇。

2010年合作国家（地区）	论文量（篇）	2019年合作国家（地区）	论文量（篇）
美国	17	美国	45
英国	15	德国	44
德国	14	法国	39
芬兰	13	芬兰	38
澳大利亚	9	英国	32
挪威	8	中国	28
加拿大	7	澳大利亚	27
荷兰	7	爱沙尼亚	27

TOP10 机构

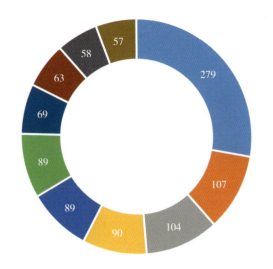

- 瑞典于默奥大学（279篇）
- 芬兰赫尔辛基大学（107篇）
- 瑞典乌普萨拉大学（104篇）
- 瑞典斯德哥尔摩大学（90篇）
- 瑞典隆德大学（89篇）
- 丹麦哥本哈根大学（89篇）
- 比利时根特大学（69篇）
- 挪威生命科学大学（63篇）
- 瑞典林业研究所（58篇）
- 瑞典哥德堡大学（57篇）

TOP10 期刊

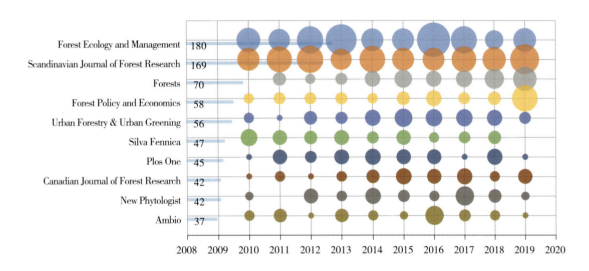

TOP10 学科

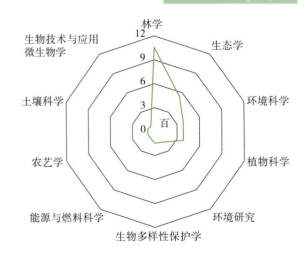

高频词云

第5章 林业科学主要机构分析

5.8 加拿大不列颠哥伦比亚大学
University of British Columbia

科学产出 总计发表SCI论文2615篇，发文量从2010年的251篇增长至2019年的332篇。

国际合作 合作发文量TOP10国家依次是美国、中国、英国、澳大利亚、德国、法国、瑞典、瑞士、巴西、日本。

合作机构 合作发文量TOP10机构依次是加拿大自然资源部、加拿大阿尔伯塔大学、美国橡树岭国家实验室、加拿大拉瓦尔大学、加拿大维多利亚大学、中国科学院、美国俄勒冈州立大学、加拿大西蒙弗雷泽大学、加拿大多伦多大学、加拿大环境部。

发文期刊 发文量TOP10期刊依次是Forest Ecology and Management、Canadian Journal of Forest Research、Forests、Plos One、Agricultural and Forest Meteorology、New Phytologist、Remote Sensing of Environment、Forestry Chronicle、European Journal of Wood and Wood Products、Forest Policy and Economics。

优势学科 发文量TOP10学科依次是林学、生态学、环境科学、植物科学、造纸和木材材料科学、能源与燃料研究、生物技术与应用微生物学、生物多样性保护学、基因与遗传学、遥感。

高频词汇 TOP10关键词依次是climate change、LiDAR、mountain pine beetle、remote sensing、forest management、lodgepole pine、Landsat、British columbia、wood、biodiversity。

所属国家	加拿大	成立年份	1915年
机构性质	公立大学	总发文量	2615篇

年度趋势

年份	2010	2011	2012	2013	2014	2015	2016	2017	2018	2019
论文数量（篇）	251	215	244	235	238	255	304	266	275	332
历年占比	9.60%	8.22%	9.33%	8.99%	9.10%	9.75%	11.63%	10.17%	10.52%	12.70%

合作国家和地区

合作国家（地区）：美国667篇、中国280篇、英国229篇、澳大利亚144篇、德国128篇、法国92篇、瑞典83篇、瑞士81篇、日本63篇、巴西63篇、意大利57篇、阿根廷56篇、荷兰55篇、捷克共和国53篇、西班牙48篇、芬兰38篇、智利37篇、奥地利36篇、新西兰33篇、其他

2010年合作国家（地区）	论文量（篇）	2019年合作国家（地区）	论文量（篇）
美国	50	美国	85
澳大利亚	12	中国	67
中国	10	英国	28
英国	8	法国	17
德国	7	瑞典	17
荷兰	6	瑞士	16
法国	5	德国	15
日本	5	意大利	13

TOP10 机构

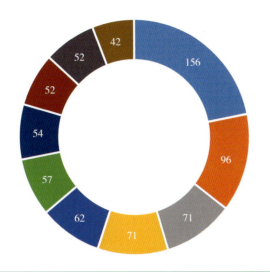

- 加拿大自然资源部（156篇）
- 加拿大阿尔伯塔大学（96篇）
- 美国橡树岭国家实验室（71篇）
- 加拿大拉瓦尔大学（71篇）
- 加拿大维多利亚大学（62篇）
- 中国科学院（57篇）
- 美国俄勒冈州立大学（54篇）
- 加拿大西蒙弗雷泽大学（52篇）
- 加拿大多伦多大学（52篇）
- 加拿大环境部（42篇）

TOP10 期刊

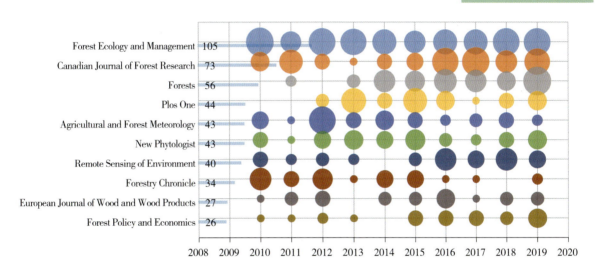

TOP10 学科

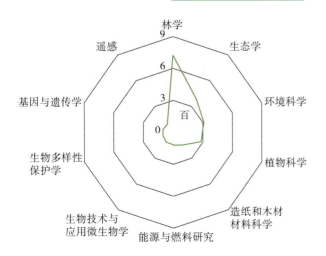

高频词云

第 5 章　林业科学主要机构分析　87

5.9 中国林业科学研究院
Chinese Academy of Forestry

科学产出 总计发表SCI论文2522篇，发文量从2010年的84篇增长至2019年的526篇。

国际合作 合作发文量TOP10国家依次是美国、加拿大、澳大利亚、德国、瑞士、英国、法国、日本、瑞典、荷兰。

合作机构 合作发文量TOP10机构依次是中国科学院、北京林业大学、南京林业大学、东北林业大学、国家林业和草原局、国际竹藤中心、中国大学学报、西北农林科技大学、美国林务局、中南林业科技大学。

发文期刊 发文量TOP10期刊依次是Forests、Plos One、Bioresources、Scientific Reports、Forest Ecology and Management、Journal of Forestry Research、Holzforschung、Frontiers in Plant Science、Journal of Wood Science、Spectroscopy and Spectral Analysis。

优势学科 发文量TOP10学科依次是林学、植物科学、造纸和木材材料科学、环境科学、生态学、基因与遗传学、生物化学与分子生物学、多学科化学、农艺学、生物技术与应用微生物学。

高频词汇 TOP10关键词依次是climate change、Taxonomy、China、mechanical properties、Chinese fir、*Populus*、poplar、transcriptome、genetic diversity、phylogeny。

所属国家	中国	成立年份	1958年
机构性质	国家级科研机构	总发文量	2522篇

年度趋势

合作国家和地区

2010年合作国家（地区）论文量（篇）		2019年合作国家（地区）论文量（篇）	
美国	13	美国	69
法国	4	加拿大	37
加拿大	3	澳大利亚	22
澳大利亚	3	瑞士	11
泰国	3	德国	10
南非	3	英国	10
沙特阿拉伯	3	法国	6
新加坡	2	意大利	5

TOP10 机构

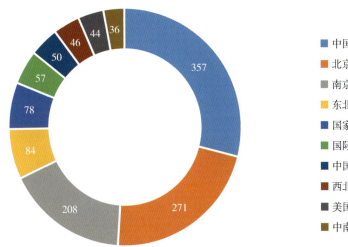

- 中国科学院（357篇）
- 北京林业大学（271篇）
- 南京林业大学（208篇）
- 东北林业大学（84篇）
- 国家林业和草原局（78篇）
- 国际竹藤中心（57篇）
- 中国大学学报（50篇）
- 西北农林科技大学（46篇）
- 美国林务局（44篇）
- 中南林业科技大学（36篇）

TOP10 期刊

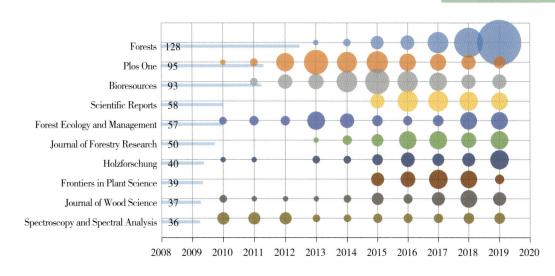

TOP10 学科

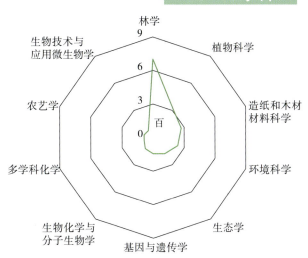

高频词云

第 5 章　林业科学主要机构分析

5.10 法国国家农业研究院
National Institute for Agricultural Research

科学产出　总计发表SCI论文2467篇，2010年发表208篇，2019年发表168篇。

国际合作　合作发文量TOP10国家依次是美国、西班牙、意大利、德国、英国、瑞士、巴西、比利时、加拿大、澳大利亚。

合作机构　合作发文量TOP10机构依次是法国波尔多大学、法国国际农业研究中心、法国巴黎高科农业学院、法国洛林大学、法国国家科学研究中心、法国图卢兹大学、法国国家环境与农业科技研究所、法国发展研究所、法国蒙彼利埃大学、瑞典农业科技大学。

发文期刊　发文量TOP10期刊依次是Annals of Forest Science、Forest Ecology and Management、Agricultural and Forest Meteorology、Plos One、Tree Genetics & Genomes、Tree Physiology、New Phytologist、Annals of Botany、Frontiers in Plant Science、Journal of Experimental Botany。

优势学科　发文量TOP10学科依次是林学、植物科学、生态学、农艺学、环境科学、基因与遗传学、园艺学、食品科学与技术、进化生物学、土壤科学。

高频词汇　TOP10关键词依次是climate change、grapevine、drought、*Vitis vinifera*、forest management、genetic diversity、forest、phenology、biodiversity、*Fagus sylvatica*。

所属国家	法国	成立年份	1946年
机构性质	国家级科研机构	总发文量	2467篇

年度趋势

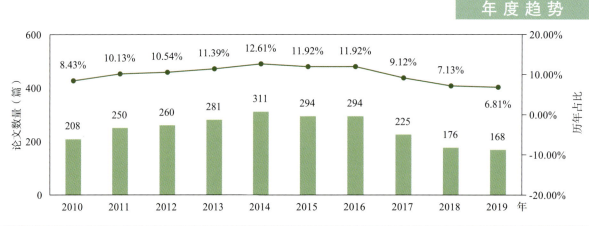

合作国家和地区

2010年合作国家（地区）论文量（篇）		2019年合作国家（地区）论文量（篇）	
意大利	18	美国	27
美国	15	西班牙	22
英国	13	意大利	17
法属圭亚那	12	德国	14
西班牙	10	瑞士	13
德国	10	比利时	13
瑞士	8	英国	12
巴西	7	巴西	12

TOP10机构

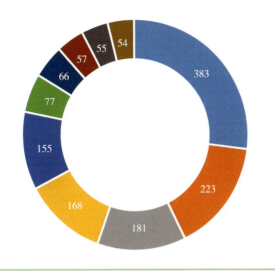

- 法国波尔多大学（383篇）
- 法国国际农业研究中心（223篇）
- 法国巴黎高科农业学院（181篇）
- 法国洛林大学（168篇）
- 法国国家科学研究中心（155篇）
- 法国图卢兹大学（77篇）
- 法国国家环境与农业科技研究所（66篇）
- 法国发展研究所（57篇）
- 法国蒙彼利埃大学（55篇）
- 瑞典农业科技大学（54篇）

TOP10期刊

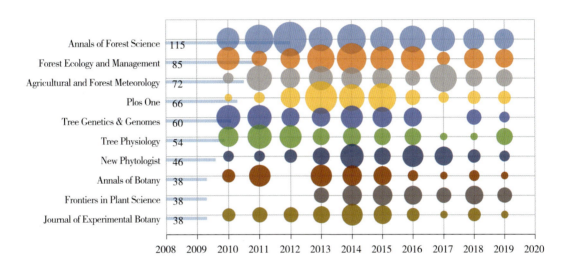

TOP10学科　　高频词云

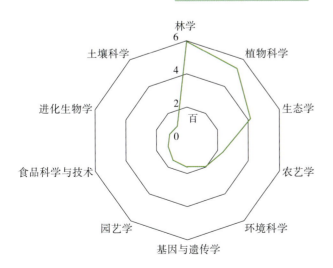

第 5 章　林业科学主要机构分析　91

5.11 俄罗斯科学院
Russian Academy Sciences

科学产出 总计发表SCI论文2445篇，发文量从2010年的173篇增长至2019年的320篇。

国际合作 合作发文量TOP10国家依次是美国、德国、中国、越南、芬兰、日本、英国、法国、瑞典、瑞士。

合作机构 合作发文量TOP10机构依次是俄罗斯莫斯科大学、俄罗斯西伯利亚联邦大学、中国科学院、莫斯科国立米哈伊尔·瓦西里耶维奇·罗蒙诺索夫大学、俄罗斯圣彼得堡国立大学、美国德州农工大学、芬兰赫尔辛基大学、日本北海道大学、俄罗斯新西伯利亚国立大学、俄罗斯乌拉尔联邦大学。

发文期刊 发文量TOP10期刊依次是Contemporary Problems of Ecology、Russian Journal of Ecology、Eurasian Soil Science、Biology Bulletin、Russian Journal of Genetics、Zoologichesky Zhurnal、Russian Journal of Plant Physiology、Izvestiya Atmospheric and Oceanic Physics、Paleontological Journal、Russian Journal of Bioorganic Chemistry。

优势学科 发文量TOP10学科依次是环境科学与生态学、植物科学、化学、农学、动物学、林学、生物化学与分子生物学、基因和遗传学、地质学、气象与大气科学。

高频词汇 TOP10关键词依次是taxonomy、climate change、*Pinus sylvestris*、new species、biodiversity、Vietnam、Scots pine、Siberia、boreal forest、morphology。

所属国家	俄罗斯	成立年份	1724年
机构性质	国家级科研机构	总发文量	2445篇

年度趋势

年份	2010	2011	2012	2013	2014	2015	2016	2017	2018	2019
论文数量（篇）	173	182	198	222	231	248	262	293	316	320
历年占比	7.08%	7.44%	8.10%	9.08%	9.45%	10.14%	10.72%	11.98%	12.92%	13.09%

合作国家和地区

中国117篇、乌克兰36篇、挪威35篇、荷兰61篇、美国227篇、奥地利38篇、德国197篇、瑞典64篇、加拿大62篇、捷克共和国45篇、越南96篇、波兰53篇、西班牙61篇、法国71篇、芬兰89篇、瑞士64篇、其他、英国80篇、意大利47篇、日本82篇

2010年合作国家（地区）	论文量（篇）	2019年合作国家（地区）	论文量（篇）
美国	11	德国	42
日本	8	美国	39
英国	7	越南	19
德国	6	中国	16
瑞士	6	法国	16
中国	5	芬兰	12
波兰	5	瑞士	12
越南	5	加拿大	11

TOP10机构

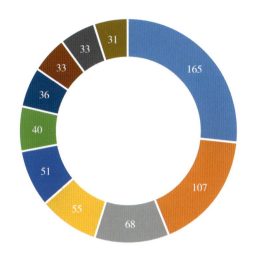

- 俄罗斯莫斯科大学（165篇）
- 俄罗斯西伯利亚联邦大学（107篇）
- 中国科学院（68篇）
- 莫斯科罗蒙诺索夫国立大学（55篇）
- 俄罗斯圣彼得堡国立大学（51篇）
- 美国德州农工大学（40篇）
- 芬兰赫尔辛基大学（36篇）
- 日本北海道大学（33篇）
- 俄罗斯新西伯利亚国立大学（33篇）
- 俄罗斯乌拉尔联邦大学（31篇）

TOP10期刊

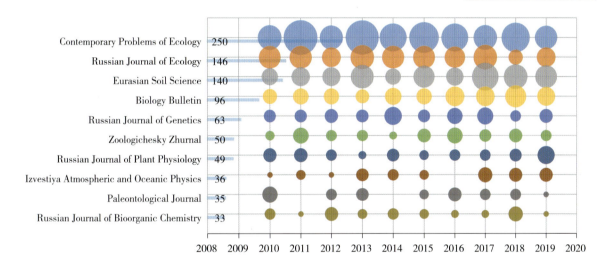

TOP10学科　　　　　高频词云

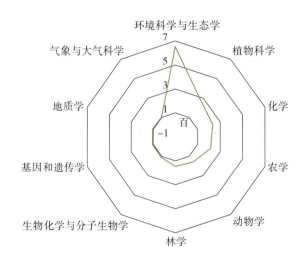

第 5 章　林业科学主要机构分析

5.12 美国俄勒冈州立大学
Oregon State University

科学产出　总计发表SCI论文2416篇，发文量从2010年的173篇增长至2019年的293篇。

国际合作　合作发文量TOP10国家依次是加拿大、澳大利亚、中国、英国、德国、法国、巴西、意大利、墨西哥、西班牙。

合作机构　合作发文量TOP10机构依次是美国林务局、美国地质调查局、美国农业科学研究院、美国华盛顿大学、美国佛罗里达大学、加拿大不列颠哥伦比亚大学、美国佐治亚大学、美国国家环境保护局、美国威斯康星大学、美国爱达荷大学。

发文期刊　发文量TOP10期刊依次是Forest Ecology and Management、Forests、Canadian Journal of Forest Research、Forest Products Journal、Ecosphere、Forest Science、International Journal of Wildland Fire、Journal of Forestry、Plos One、Remote Sensing of Environment。

优势学科　发文量TOP10学科依次是林学、环境科学与生态学、植物科学、材料科学、农学、工程学、地质学、生物多样性与保护研究、遥感研究、水资源研究。

高频词汇　TOP10关键词依次是climate change、Douglas-fir、wildfire、Pacific northwest、disturbance、remote sensing、forest management、drought、biomass、fire。

所属国家	美国	成立年份	1858年
机构性质	公立大学	总发文量	2416篇

年度趋势

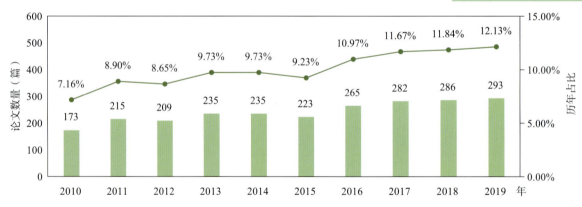

合作国家和地区

2010年合作国家（地区）	论文量（篇）	2019年合作国家（地区）	论文量（篇）
加拿大	11	加拿大	29
澳大利亚	9	中国	29
中国	8	澳大利亚	23
意大利	6	法国	10
巴西	5	德国	10
新西兰	5	英国	9
瑞典	5	巴西	8
阿根廷	4	荷兰	7

TOP10机构

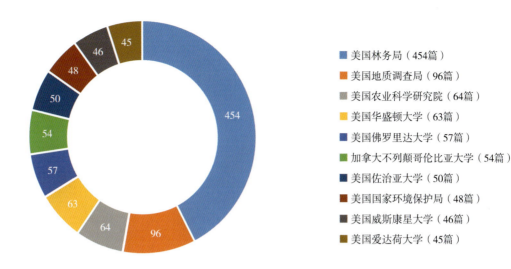

- 美国林务局（454篇）
- 美国地质调查局（96篇）
- 美国农业科学研究院（64篇）
- 美国华盛顿大学（63篇）
- 美国佛罗里达大学（57篇）
- 加拿大不列颠哥伦比亚大学（54篇）
- 美国佐治亚大学（50篇）
- 美国国家环境保护局（48篇）
- 美国威斯康星大学（46篇）
- 美国爱达荷大学（45篇）

TOP10期刊

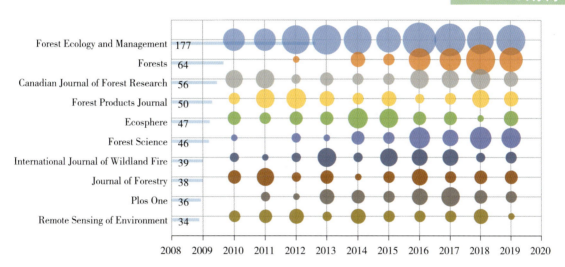

TOP10学科

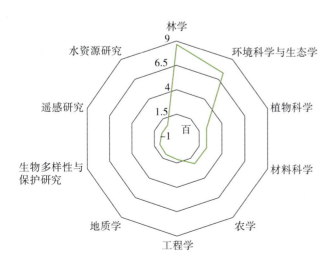

高频词云

第 5 章　林业科学主要机构分析

5.13 芬兰赫尔辛基大学
University of Helsinki

科学产出 总计发表SCI论文2297篇，发文量从2010年的193篇增长至2019年的250篇。

国际合作 合作发文量TOP10国家依次是美国、瑞典、英国、中国、德国、法国、加拿大、爱沙尼亚、挪威、西班牙。

合作机构 合作发文量TOP10机构依次是芬兰森林研究所、芬兰东芬兰大学、芬兰气象研究所、瑞典农业科技大学、芬兰自然资源研究所（卢克）、芬兰阿尔托大学、中国科学院、芬兰国家资源研究院、奥卢大学、芬兰图尔库大学。

发文期刊 发文量TOP10期刊依次是Forest Ecology and Management、Atmospheric Chemistry and Physics、Tree Physiology、Agricultural and Forest Meteorology、Silva Fennica、Canadian Journal of Forest Research、Scandinavian Journal of Forest Research、Forest Policy and Economics、Forests、Remote Sensing。

优势学科 发文量TOP10学科依次是环境科学与生态学、林学、植物科学、农学、气象学与大气科学、遥感、地质学、自然地理学、科学与技术、生物多样性与保护。

高频词汇 TOP10关键词依次是boreal forest、climate change、*Picea abies*、*Pinus sylvestris*、remote sensing、forest inventory、forestry、photosynthesis、biodiversity、forest management。

所属国家	芬兰	成立年份	1640年
机构性质	公立大学	总发文量	2297篇

年度趋势

年份	2010	2011	2012	2013	2014	2015	2016	2017	2018	2019
论文数量（篇）	193	204	200	243	238	223	234	259	253	250
历年占比	8.40%	8.88%	8.71%	10.58%	10.36%	9.71%	10.19%	11.28%	11.01%	10.88%

合作国家和地区

合作国家：美国298篇、瑞典254篇、英国219篇、中国211篇、德国190篇、法国126篇、加拿大124篇、挪威116篇、爱沙尼亚116篇、瑞士105篇、意大利89篇、荷兰86篇、丹麦79篇、俄罗斯76篇、捷克共和国67篇、奥地利62篇、巴西55篇、比利时53篇、西班牙113篇、其他。

2010年合作国家（地区）论文量（篇）		2019年合作国家（地区）论文量（篇）	
德国	18	美国	37
美国	18	瑞典	35
英国	15	英国	34
中国	13	德国	33
瑞典	12	中国	32
丹麦	10	法国	27
加拿大	8	挪威	22
挪威	8	爱沙尼亚	21

TOP10机构

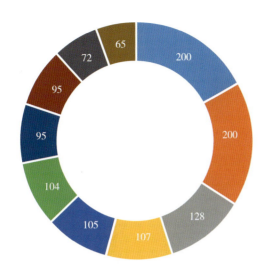

- 芬兰森林研究所（200篇）
- 芬兰东芬兰大学（200篇）
- 芬兰气象研究所（128篇）
- 瑞典农业科技大学（107篇）
- 芬兰自然资源研究所（卢克）（105篇）
- 芬兰阿尔托大学（104篇）
- 中国科学院（95篇）
- 芬兰国家资源研究所（95篇）
- 奥卢大学（72篇）
- 芬兰图尔库大学（65篇）

TOP10期刊

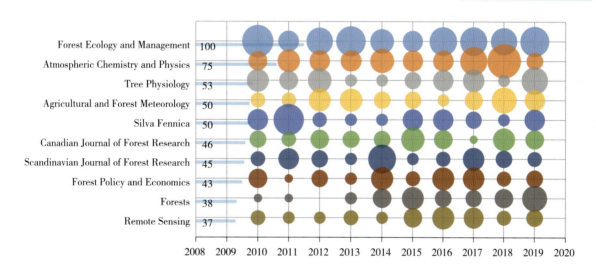

TOP10学科

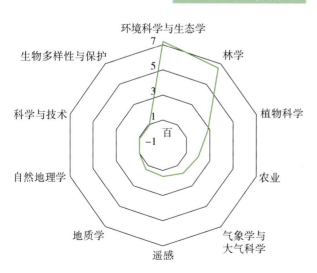

高频词云

第5章 林业科学主要机构分析

5.14 美国地质勘探局
United States Geological Survey

科学产出 总计发表SCI论文2189篇，发文量从2010年的147篇增长至2019年的256篇。

国际合作 合作发文量TOP10国家依次是加拿大、中国、澳大利亚、英国、法国、德国、瑞士、西班牙、墨西哥、巴西。

合作机构 合作发文量TOP10机构依次是美国林务局、美国科罗拉多州立大学、美国亚利桑那大学、美国国家公园管理局、美国俄勒冈州立大学、美国鱼类及野生动物保护局、美国明尼苏达大学、美国加州大学戴维斯分校、美国北亚利桑那大学、美国加利福尼亚大学伯克利分校。

发文期刊 发文量TOP10期刊依次是Wetlands、Forest Ecology and Management、Ecosphere、Ecological Applications、Global Change Biology、Plos One、International Journal of Wildland Fire、Science of the Total Environment、Ecosystems、Ecology and Evolution。

优势学科 发文量TOP10学科依次是环境科学与生态学、地质学、林学、生物多样性与保护、自然地理学、动物学、水资源研究、海洋和淡水生物学、植物科学、工程学。

高频词汇 TOP10关键词依次是climate change、wetlands、drought、wildfire、disturbance、restoration、wetland、remote sensing、Landsat、hydrology。

所属国家	美国	成立年份	1879 年
机构性质	国家级科研机构	总发文量	2189 篇

年度趋势

论文数量（篇）/历年占比：
- 2010: 147篇, 6.72%
- 2011: 186篇, 8.50%
- 2012: 190篇, 8.68%
- 2013: 208篇, 9.50%
- 2014: 210篇, 9.59%
- 2015: 236篇, 10.78%
- 2016: 253篇, 11.56%
- 2017: 268篇, 12.24%
- 2018: 235篇, 10.74%
- 2019: 256篇, 11.69%

合作国家和地区

美国地质勘探局合作国家：加拿大 109篇、中国 90篇、澳大利亚 71篇、英国 57篇、法国 44篇、德国 42篇、瑞士 31篇、西班牙 27篇、巴西 23篇、墨西哥 23篇、巴拿马 20篇、荷兰 18篇、意大利 17篇、日本 15篇、瑞典 15篇、捷克共和国 13篇、南非 11篇、阿根廷 10篇、新西兰 22篇、其他。

2010年合作国家（地区）	论文量（篇）	2019年合作国家（地区）	论文量（篇）
新西兰	5	加拿大	27
英国	5	中国	12
加拿大	4	英国	10
中国	4	法国	9
澳大利亚	3	澳大利亚	7
德国	3	德国	5
荷兰	3	新西兰	5
阿根廷	2	西班牙	5

TOP10 机构

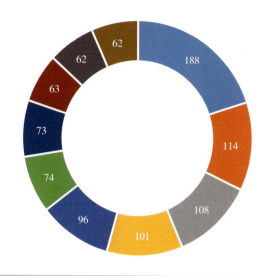

- 美国林务局（188篇）
- 美国科罗拉多州立大学（114篇）
- 美国亚利桑那大学（108篇）
- 美国国家公园管理局（101篇）
- 美国俄勒冈州立大学（96篇）
- 美国鱼类及野生动物保护局（74篇）
- 美国明尼苏达大学（73篇）
- 美国加州大学戴维斯分校（63篇）
- 美国北亚利桑那大学（62篇）
- 美国加州大学伯克利分校（62篇）

TOP10 期刊

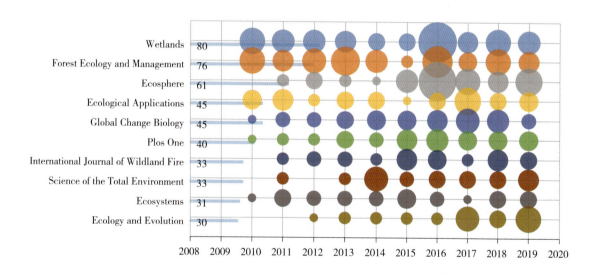

TOP10 学科

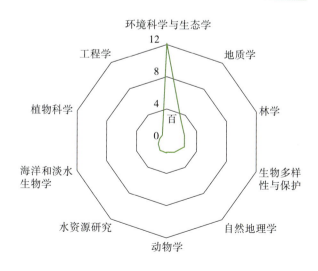

高频词云

第 5 章　林业科学主要机构分析

5.15 美国加州大学戴维斯分校
University of California, Davis

科学产出　总计发表SCI论文2144篇，发文量从2010年的177篇增长至2019年的275篇。

国际合作　合作发文量TOP10国家依次是中国、西班牙、加拿大、意大利、法国、英国、澳大利亚、德国、巴西、智利。

合作机构　合作发文量TOP10机构依次是美国林务局、美国加州大学伯克利分校、美国农业部农业科学研究院、美国佛罗里达大学、美国地质调查局、中国科学院、美国加州大学河滨分校、美国康奈尔大学、西班牙国家研究委员会、美国得克萨斯农工大学。

发文期刊　发文量TOP10期刊依次是Forest Ecology and Management、Plos One、Journal of Agricultural and Food Chemistry、Plant Disease、Agricultural and Forest Meteorology、Tree Genetics & Genomes、Ecology、New Phytologist、Scientia Horticulturae、Ecosphere。

优势学科　发文量TOP10学科依次是环境科学与生态学、农学、植物科学、林学、食品科学与技术、基因和遗传学、生物技术与应用微生物学、动物学、化学、生物多样性与保护学。

高频词汇　TOP10关键词依次是climate change、California、grapevine、Sierra Nevada、drought、*Vitis vinifera*、almond、walnut、citrus、invasive species。

所属国家	美国	成立年份	1905年
机构性质	公立大学	总发文量	2144篇

TOP10机构

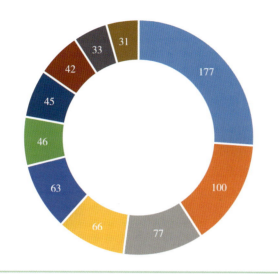

- 美国林务局（177篇）
- 美国加州大学伯克利分校（100篇）
- 美国农业部农业科学研究院（77篇）
- 美国佛罗里达大学（66篇）
- 美国地质调查局（63篇）
- 中国科学院（46篇）
- 美国加州大学河滨分校（45篇）
- 美国康奈尔大学（42篇）
- 西班牙国家研究委员会（33篇）
- 美国得克萨斯农工大学（31篇）

TOP10期刊

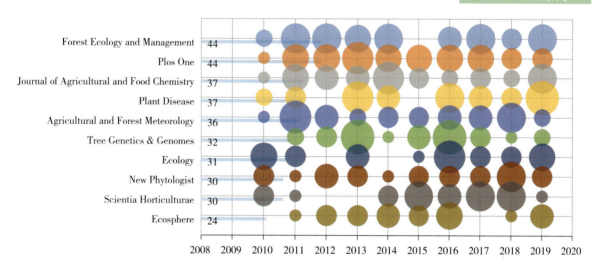

TOP10学科

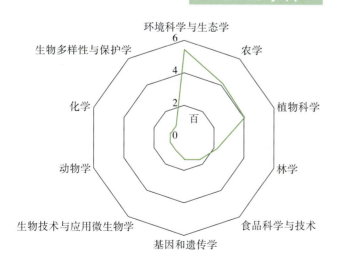

高频词云

第 5 章　林业科学主要机构分析

5.16 墨西哥国立自治大学
National Autonomous University of Mexico

科学产出 总计发表SCI论文2078篇，发文量从2010年的132篇增长至2019年的251篇。

国际合作 合作发文量TOP10国家依次是美国、巴西、西班牙、英国、加拿大、荷兰、哥伦比亚、德国、澳大利亚、法国。

合作机构 合作发文量TOP10机构依次是墨西哥生态研究所、墨西哥圣尼古拉斯伊达尔戈米却肯大学、墨西哥国立理工大学、墨西哥韦拉克鲁斯大学、墨西哥莫雷洛斯州自治大学、墨西哥研究生学院、荷兰瓦赫宁根大学、墨西哥国立自治大学、墨西哥瓜达拉哈拉大学、西班牙国家研究委员会。

发文期刊 发文量TOP10期刊依次是Revista Mexicana de Biodiversidad、Botanical Sciences、Biotropica、Forest Ecology and Management、Plos One、Madera y Bosques、Zootaxa、Revista Chapingo Serie Ciencias Forestales y del Ambiente、Phytotaxa、Journal of Tropical Ecology。

优势学科 发文量TOP10学科依次是环境科学与生态学、植物科学、生物多样性与保护学、林学、动物学、进化生物学、农学、地质学、基因与遗传学、生物化学与分子生物学。

高频词汇 TOP10关键词依次是Mexico、tropical dry forest、conservation、biodiversity、taxonomy、climate change、species richness、diversity、cloud forest、*Quercus*。

所属国家	墨西哥	成立年份	1551年
机构性质	公立大学	总发文量	2078篇

年度趋势

年份	2010	2011	2012	2013	2014	2015	2016	2017	2018	2019
论文数量（篇）	132	169	177	177	216	218	217	215	306	251
历年占比	6.35%	8.13%	8.52%	8.52%	10.39%	10.49%	10.44%	10.35%	14.73%	12.08%

合作国家和地区

墨西哥国立自治大学合作国家：巴西 129篇、哥斯达黎加 36篇、阿根廷 38篇、美国 409篇、日本 17篇、西班牙 127篇、法国 43篇、奥地利 17篇、丹麦 19篇、英国 96篇、澳大利亚 56篇、巴拿马 30篇、意大利 30篇、加拿大 91篇、德国 59篇、其他、智利 28篇、荷兰 77篇、哥伦比亚 68篇、瑞士 32篇。

2010年合作国家（地区）	论文量（篇）	2019年合作国家（地区）	论文量（篇）
美国	24	美国	49
西班牙	13	巴西	20
荷兰	8	哥伦比亚	16
巴西	5	西班牙	13
加拿大	4	英国	10
英国	4	加拿大	9
澳大利亚	3	哥斯达黎加	8
奥地利	3	荷兰	8

TOP10机构

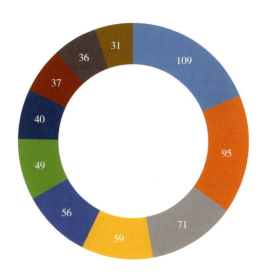

- 墨西哥生态研究所（109篇）
- 墨西哥圣尼古拉斯米却肯大学（95篇）
- 墨西哥国立理工大学（71篇）
- 墨西哥韦拉克鲁斯大学（59篇）
- 墨西哥莫雷洛斯州自治大学（56篇）
- 墨西哥研究生学院（49篇）
- 荷兰瓦赫宁根大学（40篇）
- 墨西哥国立自治大学（37篇）
- 墨西哥瓜达拉哈拉大学（36篇）
- 西班牙国家研究委员会（31篇）

TOP10期刊

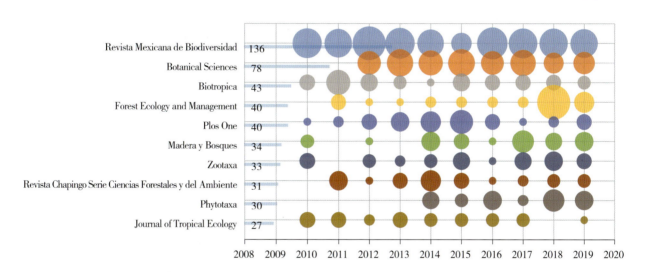

TOP10学科

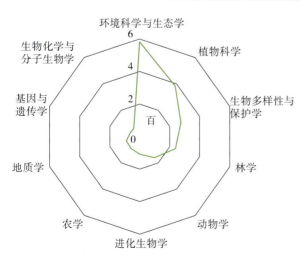

高频词云

第 5 章　林业科学主要机构分析　103

5.17 巴西联邦维科萨大学
Federal University of Vicosa Sciences

科学产出 总计发表SCI论文1927篇，发文量从2010年的161篇增长至2019年的196篇。

国际合作 合作发文量TOP10国家依次是美国、澳大利亚、英国、西班牙、荷兰、德国、法国、加拿大、墨西哥、瑞典。

合作机构 合作发文量TOP10机构依次是巴西拉夫拉斯联邦大学、巴西米纳斯联邦大学、巴西圣埃斯皮里托联邦大学、巴西圣保罗大学、巴西杰基蒂尼翁哈和穆库里谷联邦大学、巴西马托格罗索联邦大学、巴西巴拉那联邦大学、巴西里约热内卢联邦大学、巴西圣保罗州立大学、巴西利亚大学。

发文期刊 发文量TOP10期刊依次是Revista Arvore、Ciencia Florestal、Cerne、Scientia Forestalis、Revista Brasileira de Ciencia do Solo、Ciencia Rural、Revista Brasileira de Fruticultura、Pesquisa Agropecuaria Brasileira、Zootaxa、Forest Pathology。

优势学科 发文量TOP10学科依次是林学、农学、植物科学、环境科学与生态学、昆虫学、材料科学、动物学、基因与遗传学、生物多样性与保护学、生物技术与应用微生物学。

高频词汇 TOP10关键词依次是 *Eucalyptus*、Atlantic forest、taxonomy、Biological control、Brazil、Cerrado、eucalypt、*Jatropha curcas*、diversity、germination。

所属国家	巴西	成立年份	1922年
机构性质	公立大学	总发文量	1927篇

年度趋势

合作国家和地区

2010年合作国家（地区）论文量（篇）		2019年合作国家（地区）论文量（篇）	
美国	6	美国	20
澳大利亚	2	西班牙	8
西班牙	2	澳大利亚	6
英国	2	德国	6
哥伦比亚	1	墨西哥	6
芬兰	1	意大利	5
法国	1	英国	5
日本	1	委内瑞拉	5

TOP10机构

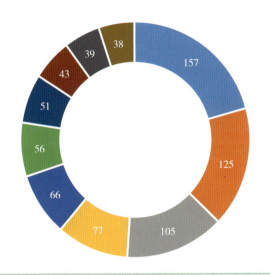

- 巴西拉夫拉斯联邦大学（157篇）
- 巴西米纳斯联邦大学（125篇）
- 巴西圣埃斯皮里托联邦大学（105篇）
- 巴西圣保罗大学（77篇）
- 巴西杰基蒂尼翁哈和穆库里谷联邦大学（66篇）
- 巴西马托格罗索联邦大学（56篇）
- 巴西巴拉那联邦大学（51篇）
- 巴西里约热内卢联邦大学（43篇）
- 巴西圣保罗州立大学（39篇）
- 巴西利亚大学（38篇）

TOP10期刊

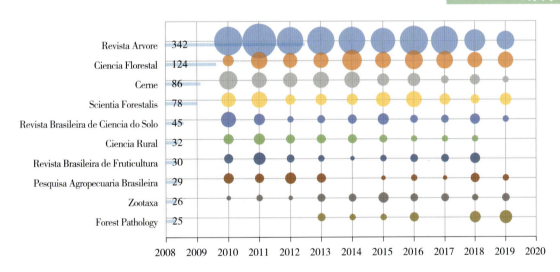

TOP10学科

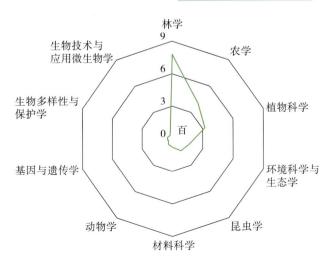

高频词云

第 5 章　林业科学主要机构分析

5.18 美国加州大学伯克利分校
University of California, Berkeley

科学产出 总计发表SCI论文1861篇，2010年的发文量170篇，2019年的发文量154篇。

国际合作 合作发文量TOP10国家依次是中国、法国、英国、德国、澳大利亚、加拿大、巴西、意大利、西班牙、瑞士。

合作机构 合作发文量TOP10机构依次是美国林务局、美国加州大学戴维斯分校、美国哈佛大学、美国地质调查局、中国科学院、美国威斯康星大学、美国佛罗里达大学、美国劳伦斯伯克利国家实验室、美国科罗拉多大学、美国华盛顿大学。

发文期刊 发文量TOP10期刊依次是Forest Ecology and Management、Agricultural and Forest Meteorology、Plos One、Global Change Biology、Proceedings of the National Academy of Sciences of the United States of America、Ecosphere、Ecology、Molecular Phylogenetics and Evolution、New Phytologist、Atmospheric Chemistry and Physics。

优势学科 发文量TOP10学科依次是环境科学与生态学、林学、植物科学、农学、生物多样性与保护学、进化生物学、气象与大气科学、地质学、工程学、昆虫学。

高频词汇 TOP10关键词依次是climate change、eddy covariance、California、drought、remote sensing、Sierra Nevada、biodiversity、forest management、wildfire、tropical forest。

所属国家	美国	成立年份	1868年
机构性质	公立研究型大学	总发文量	1861篇

年度趋势

年份	2010	2011	2012	2013	2014	2015	2016	2017	2018	2019
论文数量（篇）	170	178	212	193	194	204	191	193	172	154
历年占比	9.13%	9.56%	11.39%	10.37%	10.42%	10.96%	10.26%	10.37%	9.24%	8.28%

合作国家和地区

合作国家（地区）：法国132篇、墨西哥44篇、荷兰47篇、中国137篇、韩国25篇、英国125篇、瑞士58篇、丹麦27篇、巴拿马31篇、德国122篇、西班牙78篇、瑞典34篇、南非36篇、澳大利亚116篇、意大利91篇、其他、秘鲁33篇、加拿大114篇、巴西97篇、日本43篇。

2010年合作国家（地区）	论文量（篇）	2019年合作国家（地区）	论文量（篇）
加拿大	12	中国	14
意大利	11	英国	14
澳大利亚	10	巴西	13
法国	8	法国	12
西班牙	8	加拿大	9
中国	7	德国	8
英国	7	意大利	8
巴西	5	西班牙	8

TOP10机构

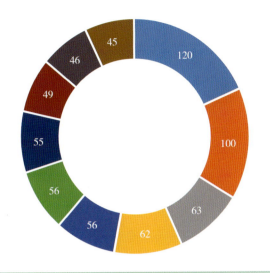

- 美国林务局（120篇）
- 美国加州大学戴维斯分校（100篇）
- 美国哈佛大学（63篇）
- 美国地质调查局（62篇）
- 中国科学院（56篇）
- 美国威斯康星大学（56篇）
- 美国佛罗里达大学（55篇）
- 美国劳伦斯伯克利国家实验室（49篇）
- 美国科罗拉多大学（46篇）
- 美国华盛顿大学（45篇）

TOP10期刊

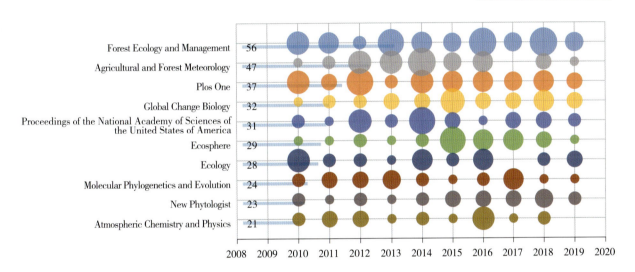

期刊	篇数
Forest Ecology and Management	56
Agricultural and Forest Meteorology	47
Plos One	37
Global Change Biology	32
Proceedings of the National Academy of Sciences of the United States of America	31
Ecosphere	29
Ecology	28
Molecular Phylogenetics and Evolution	24
New Phytologist	23
Atmospheric Chemistry and Physics	21

TOP10学科

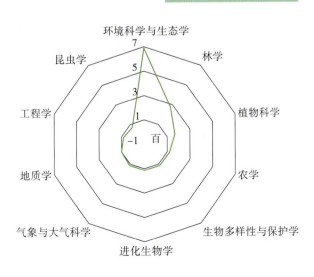

高频词云

第 5 章　林业科学主要机构分析

5.19 日本京都大学
Kyoto University

科学产出 总计发表SCI论文1804篇，发文量从2010年的164篇增长至2019年的183篇。

国际合作 合作发文量TOP10国家和地区依次是美国、中国、印度尼西亚、马来西亚、英国、澳大利亚、法国、泰国、德国、中国台湾。

合作机构 合作发文量TOP10机构依次是日本森林综合研究、日本东京大学、日本北海道大学、日本名古屋大学、日本九州大学、日本东京农工大学、中国科学院、日本鹿儿岛大学、日本东京都立大学、日本筑波大学。

发文期刊 发文量TOP10期刊依次是Journal of Wood Science、Journal of Forest Research、Ecological Research、Holzforschung、Mokuzai Gakkaishi、Plos One、Tree Physiology、Forest Ecology and Management、Plant and Soil、Journal of Plant Research。

优势学科 发文量TOP10学科依次是林学、环境科学与生态学、材料科学、植物科学、农学、动物学、化学、工程研究、生物化学与分子生物学、昆虫学。

高频词汇 TOP10关键词依次是lignin、tropical forest、climate change、nitrogen、Borneo、cellulose、decomposition、phenology、wood、particleboard。

所属国家	日本	成立年份	1897年
机构性质	国立大学	总发文量	1804篇

年度趋势

年份	2010	2011	2012	2013	2014	2015	2016	2017	2018	2019
论文数量（篇）	164	165	161	170	172	178	198	224	189	183
历年占比	9.09%	9.15%	8.92%	9.42%	9.53%	9.87%	10.98%	12.42%	10.48%	10.14%

合作国家和地区

合作国家和地区：印度尼西亚108篇、巴西22篇、加拿大36篇、芬兰23篇、中国台湾43篇、韩国26篇、瑞士27篇、泰国48篇、德国43篇、法国49篇、巴拿马26篇、澳大利亚51篇、英国57篇、其他、荷兰29篇、马来西亚98篇、越南39篇、中国135篇、美国174篇、孟加拉国21篇

2010年合作国家（地区）	论文量（篇）	2019年合作国家（地区）	论文量（篇）
美国	18	中国	30
印度尼西亚	10	美国	20
马来西亚	7	印度尼西亚	9
中国	4	马来西亚	9
法国	4	澳大利亚	7
德国	3	加拿大	7
荷兰	3	法国	7
英国	3	孟加拉国	5

TOP10机构

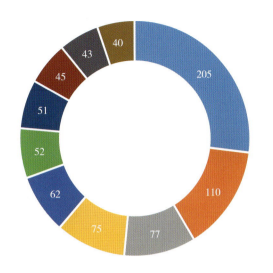

- 日本森林综合研究（205篇）
- 日本东京大学（110篇）
- 日本北海道大学（77篇）
- 日本名古屋大学（75篇）
- 日本九州大学（62篇）
- 日本东京农工大学（52篇）
- 中国科学院（51篇）
- 日本鹿儿岛大学（45篇）
- 日本东京都立大学（43篇）
- 日本筑波大学（40篇）

TOP10期刊

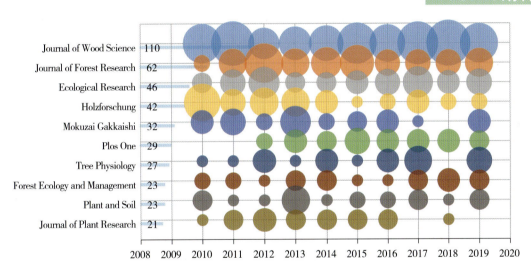

TOP10学科

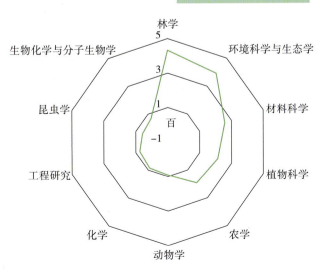

高频词云

第 5 章　林业科学主要机构分析　109

5.20 加拿大阿尔伯塔大学
University of Alberta

科学产出 总计发表SCI论文1741篇，发文量从2010年的128篇增长至2019年的230篇。

国际合作 合作发文量TOP10国家和地区依次是美国、中国、德国、澳大利亚、英国、韩国、西班牙、巴西、法国、瑞典。

合作机构 合作发文量TOP10机构依次是加拿大自然资源部、加拿大不列颠哥伦比亚大学、中国科学院、加拿大林务局、加拿大拉瓦尔大学、美国林务局、加拿大农业及农业食品部、加拿大滑铁卢大学、加拿大卡尔加里大学、加拿大多伦多大学。

发文期刊 发文量TOP10期刊依次是Forest Ecology and Management、Canadian Journal of Forest Research、Forests、Forestry Chronicle、Plos One、Agricultural and Forest Meteorology、International Journal of Wildland Fire、Tree Physiology、New Phytologist、Ecological Engineering。

优势学科 发文量TOP10学科依次是环境科学与生态学、林学、植物科学、农学、生物多样性与保护学、动物学、工程研究、地质学、气象与大气科学、进化生物学。

高频词汇 TOP10关键词依次是boreal forest、climate change、*Dendroctonus ponderosae*、*Populus tremuloides*、wildfire、biodiversity、drought、white spruce、mountain pine beetle、*Pinus contorta*。

所属国家	加拿大	成立年份	1908年
机构性质	公立大学	总发文量	1741篇

2010年合作国家（地区）论文量（篇）		2019年合作国家（地区）论文量（篇）	
中国	15	美国	40
美国	11	中国	34
澳大利亚	4	德国	18
巴西	4	巴西	10
英国	3	英国	9
德国	2	荷兰	7
瑞典	2	西班牙	7
奥地利	1	巴拿马	6

TOP10机构

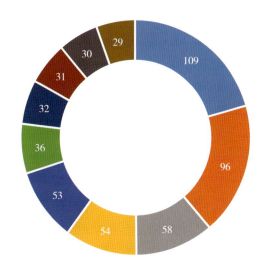

- 加拿大自然资源部（109篇）
- 加拿大不列颠哥伦比亚大学（96篇）
- 中国科学院（58篇）
- 加拿大林务局（54篇）
- 加拿大拉瓦尔大学（53篇）
- 美国林务局（36篇）
- 加拿大农业及农业食品部（32篇）
- 加拿大滑铁卢大学（31篇）
- 加拿大卡尔加里大学（30篇）
- 加拿大多伦多大学（29篇）

TOP10期刊

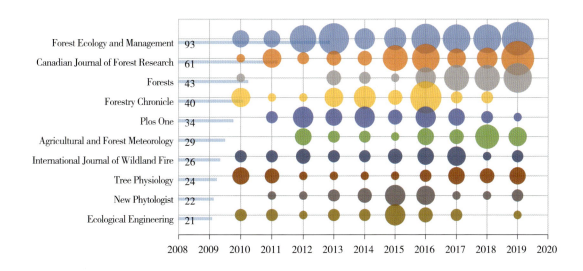

TOP10学科

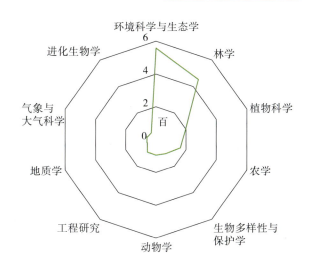

高频词云

第 5 章　林业科学主要机构分析

参 考 文 献

丁洁兰, 岳婷, 孙海荣, 等. 管理科学十年: 中国与世界——基于2004—2013年WoS论文的文献计量分析［J］. 科学观察, 2016, 5（11）:1-17.

李鹏. Thomson Data Analyzer软件介绍［J］. 专利文献研究, 2008, 000（002）:69-83.

刘雪立. 基于Web of Science和ESI数据库高被引论文的界定方法［J］. 中国科技期刊研究, 2012（06）:975-978.

杨立英, 岳婷, 丁洁兰, 等. 化学十年: 世界与中国——基于2001—2010年Wos论文的文献计量分析［J］. 科学观察, 2014, 009（002）:18-42.

中国林学会.2016—2017林业科学学科发展报告［M］. 北京: 中国科学技术出版社, 2018: 003.

BATAGELJ V, MRVAR A. Pajek［M］. New York: Springer, 2014.

CIFOR. CIFOR Annual Report 2019: Forests in a time of crises. Bogor, Indonesia:Center for International Forestry Research（CIFOR）［EB/OL］.（2020-01-01）［2020-12-01］. https://www.cifor.org/annualreport2019

ECK N J V, WALTMAN L. Software survey: VOSviewer, a computer program for bibliometric mapping［J］. entometrics, 2010, 84（2）: 523-538.

UNITED NATIONS ENVIRONMENT PROGRAMME, et al. STRATEGY OF THE UNITED NATIONS DECADE ON ECOSYSTEM RESTORATION：EXECUTIVE SUMMARY［EB/OL］.（2020-09-14）［2020-12-01］. http://hdl.handle.net/20.500.11822/33783